岛田俊之的
白桦编织
entrelac knitting

〔日〕岛田俊之　著

冯　莹　译

河南科学技术出版社
·郑州·

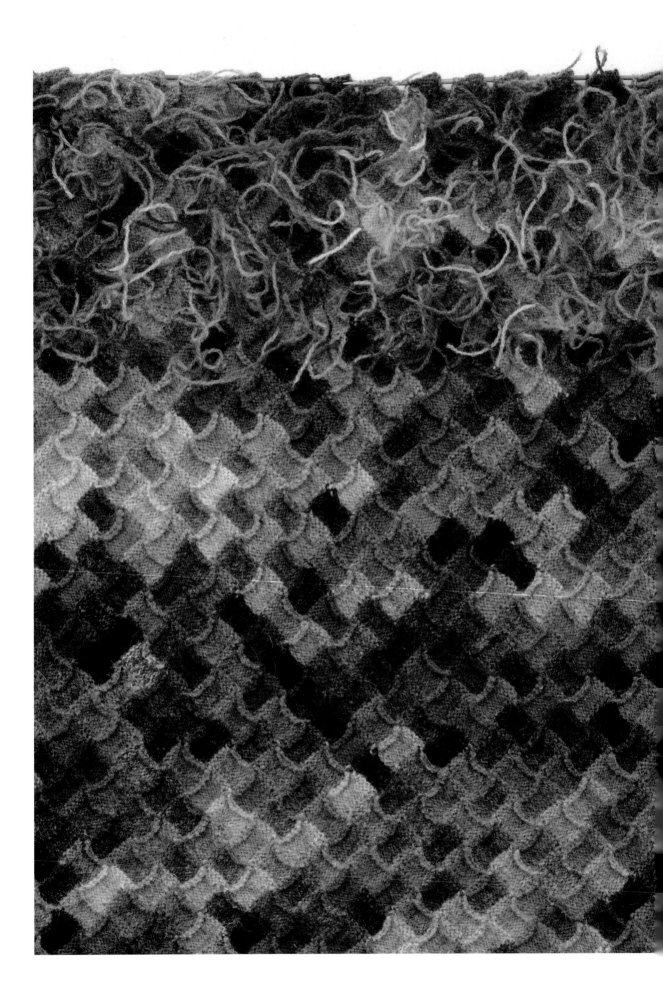

目录

花片如同连笔画一般在编织的同时连接在一起的就是白桦编织。

在我之前出版的图书中，作品大都是从服装到小物件，有时也会介绍一些白桦编织的作品。这一次，我希望能创作出更多的可能性。

读者只要理解了基本的编织规则，就会不自觉地将花片一个接一个地编织连接在一起。你会发现，好玩得停不下来。

看一看、织一织、赏一赏，如果能成为你开拓新作品的启示的话，就是再幸运不过的事情了。

岛田俊之

1~2页的编织方法→第57页

马赛克围巾

这款作品使用的是最基本的编织连接方法。
只需要花片一个一个地换色即可。
将不同时间的自己，如日记一般呈现出来。
仿佛是无心之作，
又仿佛是在憧憬着什么、爱恋着什么，
还仿佛在暗中隐藏着孤独之感。
喜欢的颜色、喜欢的线材、喜欢的大小，
都可自由选择。

→第 57 页

条纹花样的三角形披肩

特别适合想要将线全部用完，
却偏偏余下了一些的人。
从三角形的直角处开始编织，
可以一直编织到将线全部用完。
在段染马海毛线的基础上
每一排改变一个加入的颜色。
2 根线为 1 股呈现出了新颖的、微妙的色调，
再加上马海毛线独特的蓬松感觉，回味无穷。

→第 58 页

V 形条纹的三角形披肩

从颈后部开始编织，
渐变的颜色，带来了动感。
使用 3 种不同颜色的段染线，
使颜色过渡得更加协调。
不但使设计的具体实现过程
充满了乐趣，
在变换颜色的过程中
也充满了期待。
编织出喜欢的尺寸后，即可结束。

→第 62 页

袜子（男款、女款、儿童款）

由于使用段染线，
一个接一个颜色的出现是其固有的，
若在编织之前的设计过多，
有时会与织片的感觉大相径庭。
经过多次尝试，
带有棉结的素色线材，效果更稳定，
也更能让白桦编织织片本身的效果
更加突出。
儿童款每一排改变一次颜色，
形成了非常别致的菱形方块。
→第 59 页

双罗纹针的两用帽（围脖）及
连指手套

只需将 6 个花片，
连接成橄榄球的形状，
向内折叠后，即成双层的帽子。
参照第 14 页，
系上纽扣还可以变为围脖。
连指手套也由其演变而来。
只需将拇指位置的针目
多编织几行后再连接起来。
罗纹针的松紧程度刚刚好，
再配以素色的细马海毛线，
戴起来的感觉非常舒服。
一圈圈犹如旋涡一般的织片，
带来了微微的动感。

→第 64 页

双罗纹针的无跟袜

将双罗纹针的针目呈螺旋状错开后，
可以等针直编出传统的袜子。
因此，将花片斜向错开后，
理应也能编织出合脚的无跟袜。
接触皮肤的作品，应尽量选择天然的材质。
化学纤维的持久性和易保养虽说也颇具吸引力，
但对于穿着的感觉和吸汗性来说，
还是没有经过特殊处理的羊毛感觉舒适。
这里选择了优质的羊毛线与具有持久性的马海毛线一起使用。
由于没有脚跟，可以转着圈穿，应该可以穿得更加长久。

→第 64 页

方格围巾

将 3 根细线合为 1 股。
要将 3 种颜色按照一定的比例配在一起。
再重新看一下方格的织片，
与织布工艺的在经线中织入纬线不同，
是将一个个花片累加在一起，又是不同的乐趣之所在。
通过桂花针，让织片变厚，
看起来就像是机织出来的感觉。
这不由得让我想起来，小时候妈妈用我喜欢的方格花布
给我做饭盒袋的温馨往事。

→第 67 页

风车图案半指手套

在一个花片中变化颜色的织片，

时常可见，

但却没有什么吸引人之处。

这是在我多次尝试之后，闪现出来的灵感。

我觉得，如果是小物件，将会更加可爱，

于是选择编织了半指手套。

花片本身的立体感，让风车更加形象。

编织 2 个相同的花片，

如同风吹过一般，风车旋转的方向也相同，

所有的颜色都呈现在了眼前。

上、下、左、右，无论哪个反向都可以戴。

→第 68 页

不规则花片的围巾

在横向的一排中，编织相同的针数和行数，
是比较一般化的设计。
如果从大小不一的花片开始编织的呢？
挑针及编织的规则基本相同，
将各种各样的矩形
一个接一个地在编织花片的同时连接在一起，
展现出了几何花样独有的特点。
作品选择了3种颜色，更具动感。

→第70页

北欧风防寒帽

自古以来在北欧经常能看到的这种帽形，
使用起伏针编织，
再缝合在一起，是比较常见的。
这里将花片立体地组合在一起，
一边编织一边连接，一气呵成。
周围的人看到了，都想试戴一下，十分招人喜欢。

→第 72 页

多功能风帽

可以把风帽套在
经常穿的外套或夹克中，带来不同感觉。
也可以直接从上面戴下来，展现出育克部分。
风帽部分从顶部开始编织连接出立体感，
改变部分花片的颜色，呈现出小碎块的感觉。
育克部分本可以选择白桦编织的织片，
但为了叠穿在外套下面的时候不会过厚，
最终选择了编织扇形的罗纹针。
比围巾更加保暖。

→第 75 页

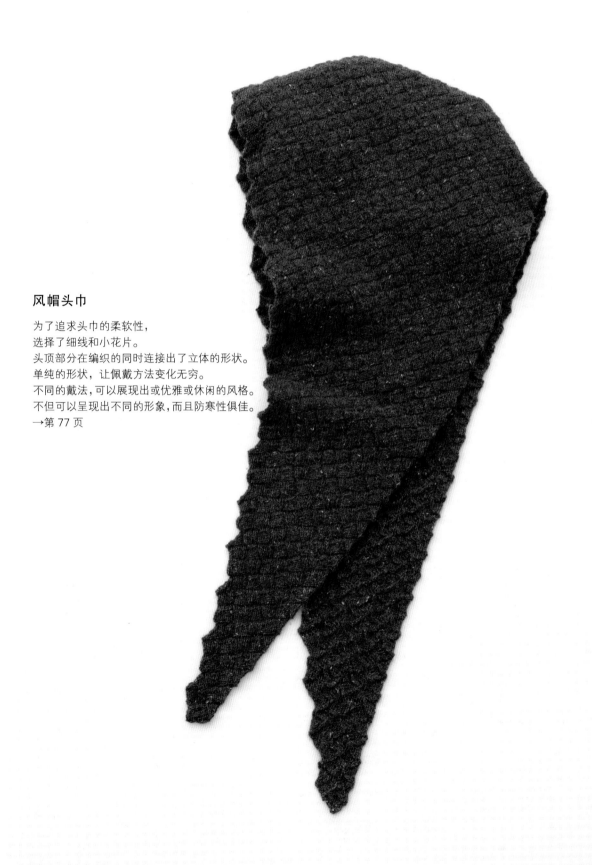

风帽头巾

为了追求头巾的柔软性，
选择了细线和小花片。
头顶部分在编织的同时连接出了立体的形状。
单纯的形状，让佩戴方法变化无穷。
不同的戴法，可以展现出或优雅或休闲的风格。
不但可以呈现出不同的形象，而且防寒性俱佳。
→第 77 页

圆球装饰链

将 4 个花片一边编织一边连接在一起。
颜色、连接方法都可自由选择。
不规则的形状会更加可爱，大小也可以不同。
看起来很像是树木的果实，
也与记忆中，很久以前在过元旦的时候，
吊在柳枝上的各种颜色漂亮的年糕片很像。
只用一点点的余线即可完成。
→第 80 页

花瓶领背心

为了让整体略微呈 A 字形，
一点点地改变了花片的大小。
为了突出织片，
袖窿比较齐整，而下摆、衣领则保留了原型。
将 5 个织片编织连接在一起，
使衣领呈现出立体的形状。
如波浪一般的效果，
仿佛蕴藏着大海中的深奥秘密。

→第 80 页

不规则花片的
高领育克装饰领

将前面介绍的不规则花片的围巾
进一步展开。
从3种较小，但大小不同的花片开始编织，
保持挑针和一边编织一边连接的基本规则，
只是加上了一个将花片变大的新规则。
只要依据一边编织一边连接的规则，
没有符号图也能一直编织下去。
这是一款在已有的规则之上，
解放出来的带有自由感觉的作品。
类似于石板路的意境，不仅带来了沉稳的感觉，
更能让人联想起似曾相识的古老街道。

→第84页

七宝连接围巾

只将花片的转角处一边编织一边连接在一起。
一个个空隙，犹如七宝连接一般。
为了防止织片卷曲，
选择了编织起伏针。
使用钩针编织边缘。
→第 83 页

扭转花片的围巾

挑针、不编织连接在一起、扭转，
这是迄今为止还没有出现过的神奇的编织方法。
在哪里都可以扭转、创造出间隙。
在这里是横向一排按照统一的规则扭转的。
犹如植物的藤蔓一般。
→第 86 页

格子花片的围脖及手腕暖

从直的织片上开始编织花片，
为了展现出格子的效果，
在编织中连接的同时留出空隙。
在犹如大理石一般的沉静感觉的基础上，
通过添加三角形的边饰，增加了亲近感。
→第 86 页

尖状突起花片的围脖及手腕暖

只需改变在哪里挑针、在哪里一边编织一边连接，
就能形成不可思议的形状。
将手腕暖编织得大一些，
戴在上衣袖的外侧也不错。
可以将简约的服饰变得更加新颖。

→第 88 页

胸花2种及项链

编织带尖的花片，再收紧。
反面编织圆形底座，再缝上串珠即可。
将反面当作正面使用，就变成了向日葵的感觉。
编织叶子，或者缝上缎带，
制作首饰的过程也很有趣。
→第90页

凯尔特花样的围巾

在花片中嵌入了凯尔特风的阿兰花样。
大型的锯齿状纹路，
在粗犷之中又蕴含了娇媚的感觉，
生动的立体感与颜色，
仿佛是在石头上雕刻出来的凯尔特花样一般。
→第 92 页

树叶花样的
围巾及贝雷帽

介绍过多次的树叶花样
在这里就像图标一样排列在一起。
在围巾中，织入了大小不同的各种各样的叶子，
镶边如同树枝一般，
看起来就像是一幅展开的画卷。
贝雷帽顶由 5 根树枝、5 片树叶构成。
这是树叶花样的一种新款式。

→第 93 页

蘑菇贝雷帽

在花片中织入图案时
可以充分地利用 45° 的倾斜角度。
到处都是捕蝇蕈。
为了编织时不会过于复杂，
菌盖上的斑点和菌柄都是后刺绣上去的。
保留白桦编织锯齿状的轮廓，一直编织到帽顶。
在山尖（帽顶）上，缝上了一个立体的小蘑菇。

→第 96 页

基本
白桦编织

白桦编织是将方形的下针编织的花片的针与行连接在一起的织片。这里向大家介绍最基本的白桦编织

A　全部花片都是方形
B　四周增加三角形，构成直线
C　环形编织

为了方便大家理解，使用了2种颜色进行编织和说明。本书中的每个作品，请参照该作品的编织方法。

A

全部花片都是方形

$$\frac{1个花片}{5针9行} \times \frac{5排}{17个花片}$$

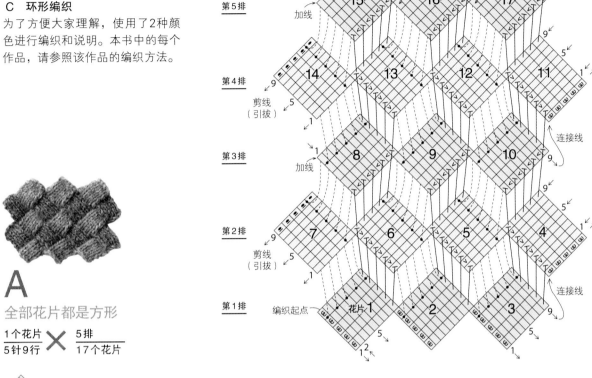

第5排　加线

第4排　剪线（引拔）

第3排　加线

第2排　剪线（引拔）

第1排　编织起点　花片1

编织终点

连接线

连接线

基本花片，编织5针9行

第1排
花片1

① 用左手拿着棒针和线头，将线从右手食指的后侧向前挂，穿入棒针。

② 起针1针完成。

③ 使用同样的方法起5针（第1行）——卷针起针。

④ 从前侧插入棒针，编织5针下针（第2行）。

⑤ 翻转织片，编织上针（第3行）。

⑥ 使用同样的方法编织至第9行。

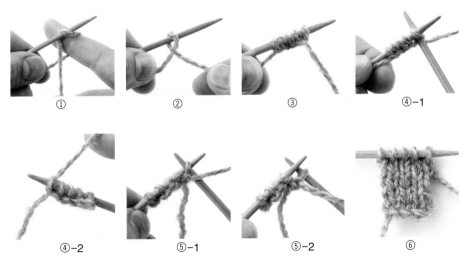

① ② ③ ④-1
④-2 ⑤-1 ⑤-2 ⑥

继续编织花片2

第1排
花片2

⑦ 接在花片1之后，按照花片1的步骤①~③起5针。

⑧ 编织5针下针。

⑨ 翻转织片，编织5针上针。

⑩ 继续编织至第9行，花片2完成。

⑦　　　⑧　　　⑨　　　⑩

编织至第1排右端的花片3为止

第1排
花片3

⑪ 与花片1、2使用相同的方法起5针。

⑫ 同样编织9行，花片3完成。

⑪　　　⑫

编织花片4的同时，与花片3连接在一起

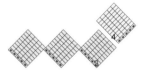

第2排
花片4

⑬ 将线剪断，与新的线打结连接在一起。

⑭ 使用新线，按照与之前相同的方法起5针。

⑮ 编织4针下针。

⑯ 下1针，像编织下针一样插入棒针后，将针目移至右棒针上（滑针，看起来有点像解开了针目一般，保持这样不动即可）。

⑰ 花片3右端的针目编织下针。

⑱ 用刚刚的滑针盖住这1针。

⑲ 通过右上2针并1针，将花片3与4的1针连接了起来。

⑳ 翻转织片，第1针编织滑针。

㉑ 从下1针开始编织上针。

㉒ 在下针行，按照步骤⑯~⑲的方法编织右上2针并1针连接，编织至第9行。

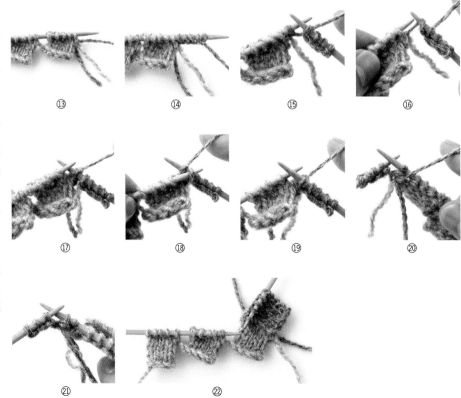

⑬　　⑭　　⑮　　⑯

⑰　　⑱　　⑲　　⑳

㉑　　㉒

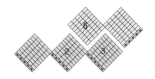

花片5从花片3上挑针，编织的同时与花片2连接在一起

㉓ 将右棒针插入花片3边上的针目中，挂线后拉出。

㉔ 使用同样的方法，在第1针的内侧挑出4针。

㉕ 将右棒针插入第5针的位置。

㉖ 接着将花片2右端的针目编织下针。

㉗ 用步骤㉕的针目盖住这1针。在挑出花片5的第5针的同时，与花片2的1针连接了起来。

㉘ 翻转织片，编织1针滑针。

㉙ 接着编织4针上针。

㉚ 翻转织片，编织4针下针，第5针像编织下针一样插入棒针后，将针目移至右棒针上，与下1针一起编织右上2针并1针。

㉛ 重复步骤㉘~㉚，编织至第9行。

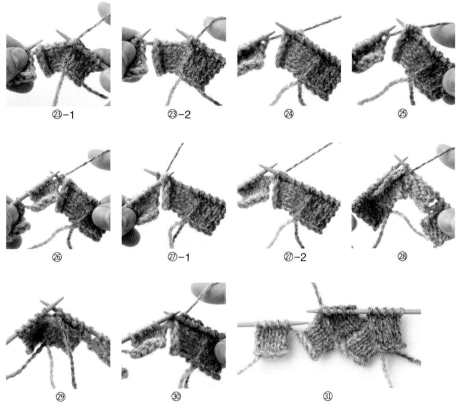

㉓-1　㉓-2　㉔　㉕

㉖　㉗-1　㉗-2　㉘

㉙　㉚　㉛

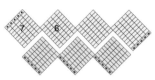

花片7的编织终点伏针收针

第2排
花片6、7

㉜ 重复步骤㉓~㉛，编织花片6、挑取花片7。

㉝ 编织上针返回。

㉞ 无须加、减针，编织至第8行。

㉟ 第9行，编织2针下针，用第1针盖住第2针，做伏针收针*。

㊱ 从下1针开始，做上针的伏针收针。

㊲ 第2排，到花片7为止，编织完成。将线剪断，引拔。

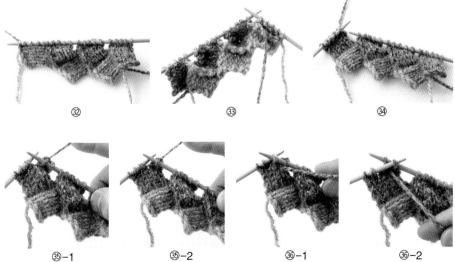

㉜　㉝　㉞

㉟-1　㉟-2　㊱-1　㊱-2

*步骤㉟中，在挑取下一排的花片的针目时，若做的是上针的伏针收针，则连接的位置会呈现出上针的针目，从而影响美观，因此仅在这里做下针的伏针收针。

㊲

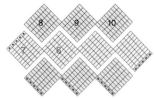

第3排从反面挑取针目

第3排
花片8~10

㊳ 第3排挑针时，看着花片7的反面进行挑针。首先，从正面插入右棒针。

㊴ 像编织上针一样，挂上新的线，拉出至正面。

㊵ 使用同样的方法，在第1针的内侧从正面插入针，挑取4针。

㊶ 将针插入第5针挑针的位置，接着从正面插入花片6边上的针目中，编织上针。

㊷ 用步骤㊶的针目盖住这1针。在挑出花片8第5针的同时，与花片6的1针连接在一起。

㊸ 翻转织片，第1针编织滑针，随后编织下针返回。

㊹ 在第3、5、7、9行，与花片6的针目编织上针的左上2针并1针。

㊺ 花片8完成。

㊻ 使用同样的方法，编织花片9、10，第3排完成。

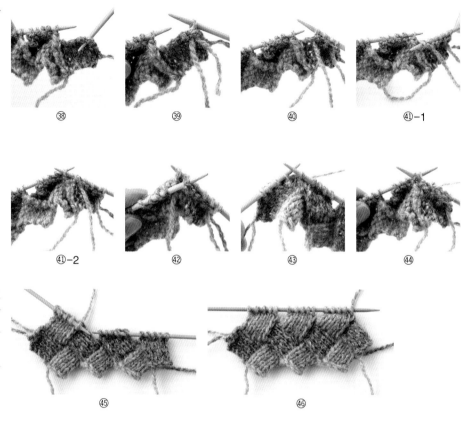

㊳　㊴　㊵　㊶-1

㊶-2　㊷　㊸　㊹

㊺　㊻

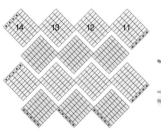

第4排
花片11~14

㊼ 与第2排使用同样的方法编织第4排。

第4排与第2排相同

㊼

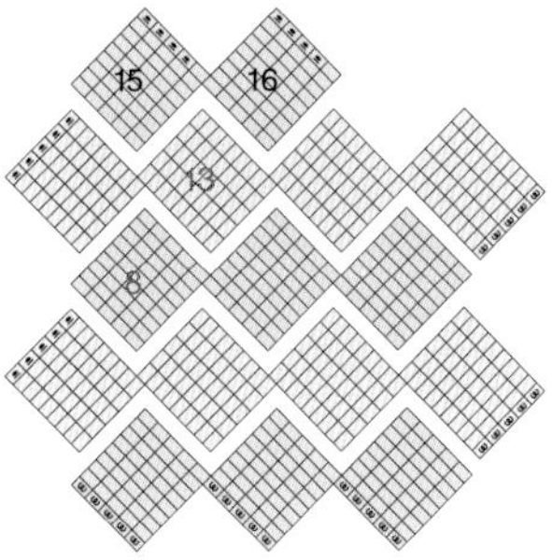

第5排

花片15、16

(48) 花片15与花片8使用同样的方法编织至第8行。

(49) 翻转织片，编织2针下针，用第1针盖住第2针。

(50) 接着编织下针的同时做伏针收针，编织至第4针为止。

(51) 下1针与花片13边上的针目做左上2针并1针。

(52) 这一针也做伏针收针。

(53) 将线留在织片前，在下一个挑针的位置，像编织上针一样插入右棒针，将线拉出至正面。

(54) 用前1针盖住这1针。至此，从下一花片上挑取了1针，并与前面的花片连接在了一起。使用同样的方法编织至花片16。

每一个花片做伏针收针

(48)

(49)-1

(49)-2

(50)

(51)

(52)

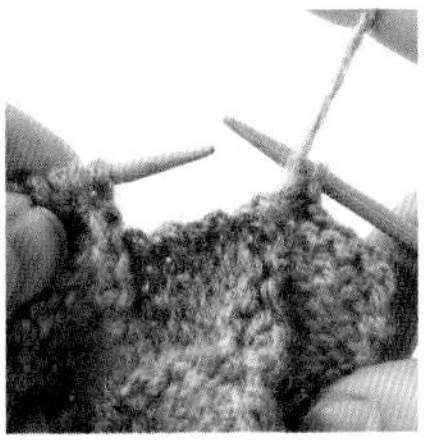
(53)-1

(53)-2

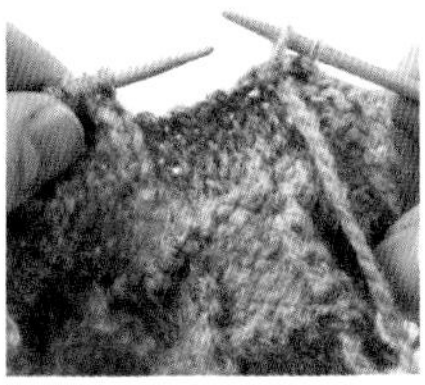
(53)-3

(54)

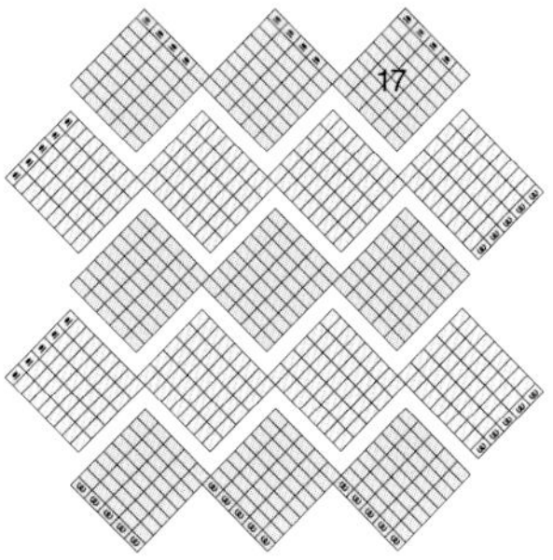

第5排

花片17

(55) 编织至最后一片——花片17的第8行为止。

(56) 翻转织片，伏针收针至该花片剩1针为止。

(57) 剩下的2针做2针并1针后，伏针收针。

(58) 将线剪断，把线头从下方穿入最后一个线圈中，收紧。

(59) 完成。

伏针收针的最后，将线剪断，收紧

(55)

(56)

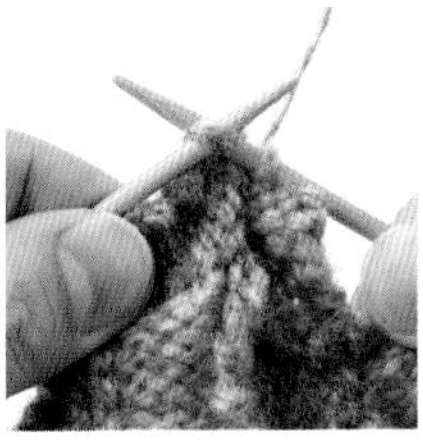
(57)-1

(57)-2

(57)-3

(58)

(59)

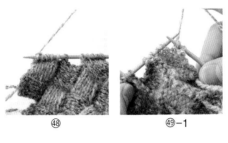

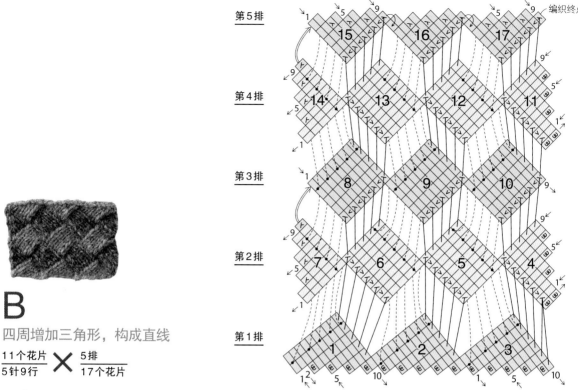

第5排

编织终点

第4排

第3排

第2排

第1排

B

四周增加三角形，构成直线

$$\frac{11个花片}{5针9行} \times \frac{5排}{17个花片}$$

为了让花片1变为三角形，编织时要加针

第1排
花片1

① 在针上用手指起针的方法起2针（第1行）。

② 翻转织片，编织2针上针（第2行）。

③ 翻转织片，使用卷针加1针。

④ 将这1针移至右棒针上，继续编织2针下针（第3行）。

⑤ 下1行编织上针返回（第4行），翻转织片，使用卷针加1针（第5行的编织起点）。

⑥ 使用同样的方法，编织至6针（10行）。

① ② ③ ④-1

④-2 ⑤ ⑥

继续按照与花片1相同的方法编织

第1排
花片2、3

⑦ 使用卷针加1针。

⑧ 这1针编织滑针后，编织下1针（花片1的第6针）。

⑨ 翻转织片，编织2针上针返回。

⑦ ⑧ ⑨

⑩ 重复此步骤编织至6针为止。花片2完成。

⑪ 使用同样的方法编织花片3。

⑩   ⑪

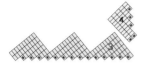

为了使第2排的边上呈直线，做加针

第2排
花片4

⑫ 将第1排的线剪断，与新的线连接在一起，使用卷针加针起2针。

⑬ 第1针编织下针，下1针像编织下针一样插入棒针后，将针目移至右棒针上，花片3的接下来的2针做左上2针并1针。

⑭ 用刚刚移至右棒针上的针目盖住这1针（右上3针并1针）*。

⑮ 翻转织片，第1针编织滑针，编织上针返回。翻转织片，使用卷针加针。

⑯ 与花片3边上的针目做右上2针并1针，连接在一起。

⑰ 花片4编织完成。

⑫   ⑬-1   ⑬-2   ⑭-1

⑭-2   ⑮   ⑯

*在步骤⑭中，将花片3与花片4连接在一起的时候，为了统一为基本的花片（5针9行），仅做1次3针并1针。

⑰

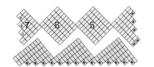

为了使左端成直线，做减针

第2排
花片7

⑱ 到花片5、6及7的挑针（第1行）和第2行为止，与第49页的步骤㉓~㉝的编织方法相同。

⑲ 在编织第3行时，第4针与第5针做左上2针并1针。

⑳ 使用同样的方法，在左端减针的同时，编织至第8行。

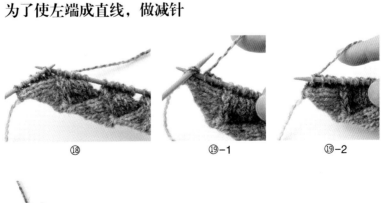

⑱   ⑲-1   ⑲-2

⑳

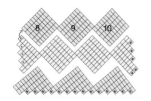

与A的第3排使用相同的方法编织

㉑ ㉒ ㉓

第3排
花片8~10

㉑ 将线剪断，与下一排的线连接，使用新的线编织2针并1针。

㉒ 这1针将作为下一个花片挑针的第1针，剩余再挑4针。

㉓ 之后与A的花片8~10（第50页）的编织方法相同。

㉔ 编织至第3排的花片10为止。

㉔

与第2排相同，两端编织成直线

㉕ ㉖ ㉗

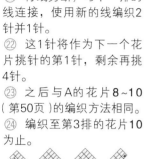

第4排
花片11~14

㉕ 将第3排的线剪断，与新的线连接在一起，编织2针卷针加针。

㉖ 编织1针，与花片10的第1针编织右上2针并1针，连接在一起。

㉗ 之后与第2排使用相同的方法编织。第4排编织完成。

通过减针编织上边的三角形

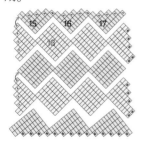

㉘ ㉙ ㉚

第5排
花片15~17

㉘ 花片15与第3排使用相同的方法编织至第2行。

㉙ 翻转织片，编织上针的左上2针并1针。

㉚ 编织2针，下1针与花片13的针目编织2针并1针，连接在一起。

㉛ 按照这个方法编织至第8行。

㉜ 第9行，剩余的2针与花片13的针目做左上3针并1针。这1针将成为接下来的挑针的第1针。

㉝ 重复同样的方法，在花片17的最后编织3针并1针后将线剪断，引拔。

㉞ 完成。

㉛　　　　　㉜-1　　　　　㉜-2

㉝　　　　　　　　㉞

白桦编织的技巧

白桦编织的花片编织和连接方法、四条边的处理方法等，都可以分为多种。

在这里，向大家介绍了四条边都是方形花片、四条边呈直线，以及作为应用的环形编织连接的方法。它们各自的"细节部分"，会因介绍的书籍和设计的不同而不同。接下来将向大家介绍基本的编织方法以外的细节的处理不同之处。

将花片与花片连接在一起的时候

在挑取第1行针目的最后1针的同时，编织2针并1针连接在一起。如果严格地按照符号图编织的话，就是基本的编织方法中介绍的步骤。而作为另一个具有代表性的例子，是先在第1行挑取所需的针数，再重新与相邻的针目做2针并1针——在欧洲的编织方法的介绍中多次看到过这种编织方法。从结果上来说，只有那1针会多出1行，若挑针后不方便直接做2针并1针时，或者希望让连接的转角处突出一些的话，抑或考虑到使用线材的特性时，选择这种编织方法也不错。但是，只有统一了编织和连接的方法，织片才能看起来更匀称，如果选择使用了这一种方法，就要在所有的地方都使用同一种方法。在本书的作品中，也有使用这一种连接的例子，具体可以参照每一个作品的编织方法。

在使用2针并1针将花片编织连接在一起后，翻转织片，这里使用的是滑针的方法，也有不做滑针，而是每一针都编织的方法。从花片上挑取针目编织的时候，从一端到另一端，基本上是每隔1行挑1针，因此大体上针数×行数的关系与花片的大小无关，而是遵循一定的规则。基本上，从下针编织的密度上来看，每2行做1次滑针的话，滑针或多或少会变大，如果每一行都编织的话，又会比较紧。如果结合两种方法，织片看起来会变得更好看；当然也可以选择一种方法进行统一。在北欧使用滑针的情况比较多，在美国使用每行编织的情况比较多。在本书中，对伸缩性比较有要求的袜子等作品中，也有使用这种方法编织的。根据所编织的作品的特性，进行选择，我认为是比较好的。

四条边的编织方法

四条边都是方形花片的情况，会因最终是以平面结束还是缝合在一起，而呈现出不同的效果。需要缝合时，为了让最终呈现出来的效果与其他部分的基本的针数×行数相匹配，有时会多编织1针或1行。另外，以平面结束的作品，为了让织片不卷曲，或考虑到花片没有在编织中连接在一起的边与最终的基本花片的大小相比是否有变形等因素，都要通过确认后再决定具体的针数和行数。

其他方面为了让整体更漂亮

本书所介绍的作品，在各个细节部分都下了一番功夫。虽说如此，在个性的编织方法、织片的技巧中，如果了解了白桦编织的基本编织方法的话，织片也会不知不觉地变得整齐。换句话说，就是大家可以凭借各自的努力，做出漂亮的形状。以基本的编织方法为基础，如果在某种程度上理解了编织连接的方法和编织前进的顺序，就可以按照喜欢的作品的一个个编织符号图来编织了。另外，在细节的处理上，大家也可以各显神通。

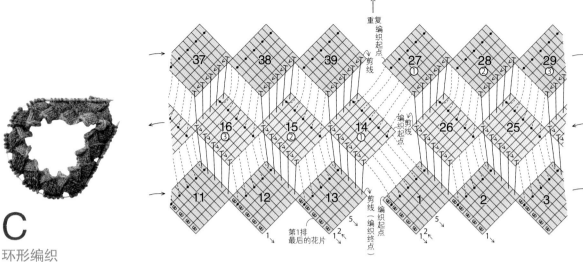

C

环形编织

$$\frac{1个花片}{5针9行} \times \frac{3排}{39个花片}$$

① 按照第47、48页的步骤①~⑫的方法，编织出第1排所需数量的花片（这里是13个花片）。

② 第2排，将第1排的线剪断，花片14使用新的线在花片1的指定位置上挑取4针。

③ 按照第49页的步骤㉕~㉗的方法，在第5针的位置中插入针，与花片13边上的针目做2针并1针编织连接在一起。

④ 按照第49页的步骤㉘~㉛的方法，翻转织片，编织滑针，编织上针返回。在下针的行做右上2针并1针，编织连接在一起的同时，编织花片14。

⑤ 使用同样方法编织至第2排的花片26。

⑥ 将第2排的线剪断，按照第50页的步骤㊳~㊻的方法，使用新的线在花片14上挑取针目，与花片26编织连接在一起的同时编织花片27。

每一行将线剪断，翻转织片继续编织

① ② ③

④ ⑤ ⑥

马赛克围巾 →第4页

材料：［Jamieson's］Spindrift、［设得兰岛制费尔岛毛线（2 ply jumper weight中细）］各色少量
（详见使用线色号一览，第4页围巾完成后的参考重量为90g）

工具：1号棒针，4/0号钩针（用于起针）

编织密度：白桦编织　1个花片的对角线长为2.5cm（第1页的作品为2.8cm）

成品尺寸：宽9.5cm，长168cm

编织方法：第1排的花片，使用用钩针在棒针上起针的方法起针，开始编织。参考使用线色号一览，或选择自己喜欢的颜色的线，编织好每一个花片后将线剪断，换线后继续编织。

要点笔记：该作品中，在编织中连接时，先挑取全部的针目，再将最后1针与需要连接的花片重新编织2针并1针连接在一起。第1页的作品，将6针、11行的基本花片变为了7针、13行，使用同样的方法，可以选择编织出自己喜欢的花片数、行数。

*使用线色号一览
Jamieson's

109,111,113,122,125,127,130, 135,140,141,144,147,150,151, 153,155,160,162,165,168,170, 175,179,180,183,185,186,187, 190,195,198,226,227,230,231, 232,233,234,236,237,238, 240,241,242,243,246,248, 235,238,252,258,261,268, 271,272,273,286,289,290, 292,294,301,315,318,319, 320,323,329,336,337,343, 365,423,429,478,525,547, 556,562,567,572,575,576, 578,580,587,595,596,599, 603,617,620,633,640,677, 720,763,766,768,772,785, 789,791,794,812,821,825, 868,880,890,998,1130,1140, 1190,1260,1270,1290,1390, 其他、已停产颜色、不同缸号等

设得兰岛制费尔岛毛线
2,3,4,FC6,FC7,FC9,FC11, FC12,FC14,FC17,FC22,FC24, 27,28,29,FC34,FC38,FC39, FC41,43,FC43,FC44,FC46, FC47,FC45,FC50,FC51,FC52, 53,54,FC55,FC56,61,FC61,FC62, FC64,64,72,78,80,81,82, 87,101,118,121,122,131,133, 134,141,143,202,203,366, 1280,1283,1284,2001,2002, 2003,2004,2005,2006,2007, 2008,2009,9113,9144
其他、已停产颜色、不同缸号等

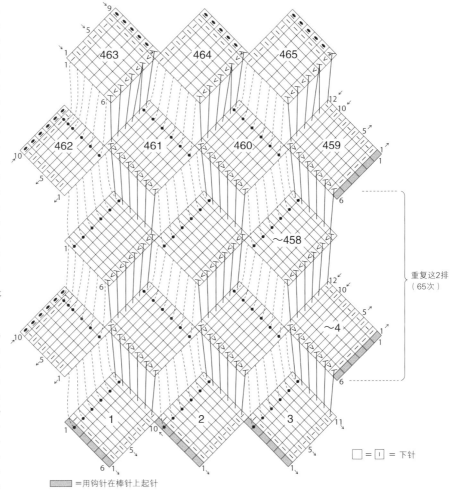

重复这2排（65次）

□ = I = 下针

▨ =用钩针在棒针上起针

用钩针在棒针上起针

1
在钩针上起1个锁针的线圈，将线放在棒针下侧。

2
夹着棒针钩织锁针。

3
向针的后侧绕
将线绕到针的下侧。

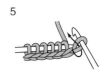

4
与步骤2使用同样的方法钩织。

5
重复步骤3、4，最后1针，将钩针上的线圈挂到棒针上。

57

条纹花样的三角形披肩 →第6页

材料：[ISAGER]Highland Wool的ocean、greece、turquise、oak各12g，curry、sky各15g，stone 16g，moss 19g，Silk Mohair的（62m号）70g

工具：6号棒针

编织密度：白桦编织　1个花片的对角线长为4.2cm

成品尺寸：宽105cm，高（从颈后部到后背中心下摆）52cm

编织方法：Highland Wool参照配色表，每一排变换颜色，每次均与Silk Mohair并在一起，2根线为1股编织。每一排的编织起点，参照图示，向左或向右使用卷针起针。

要点笔记：从后背中心下摆开始，按照横向条纹连续编织，因此可以在编织至自己喜欢的尺寸后结束。可以根据自己的喜好，变换每一排的颜色。

配色

排	Highland Wool
25	turquise
24	moss
23	stone
22	ocean
21	sky
20	curry
19	greece
18	oak
17	moss
16	turquise
15	stone
14	curry
13	sky
12	greece
11	moss
10	oak
9	ocean
8	curry
7	sky
6	stone
5	turquise
4	oak
3	moss
2	sky
1	curry

表中的线均与Silk Mohair
并在一起2根线为1股编织
Highland Wool参照图示
每一排变换一次颜色

整体图

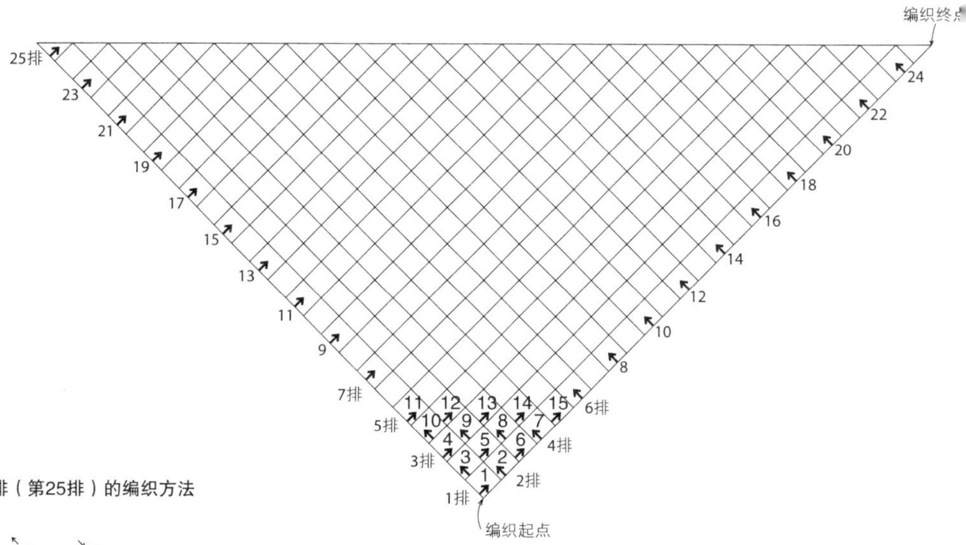

编织终点

编织起点

最后一排（第25排）的编织方法

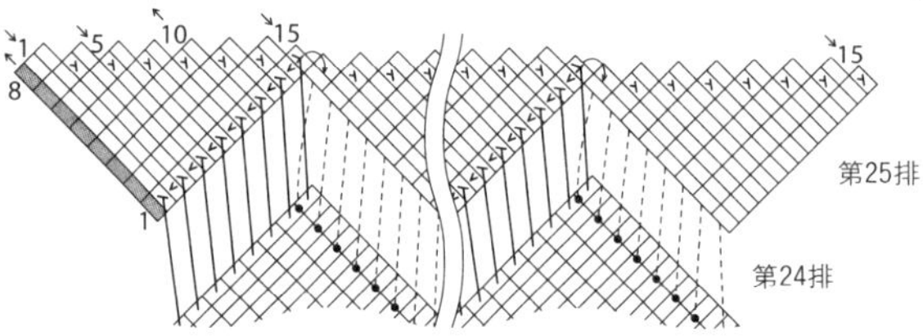

第25排

第24排

使用同样的方法继续编织

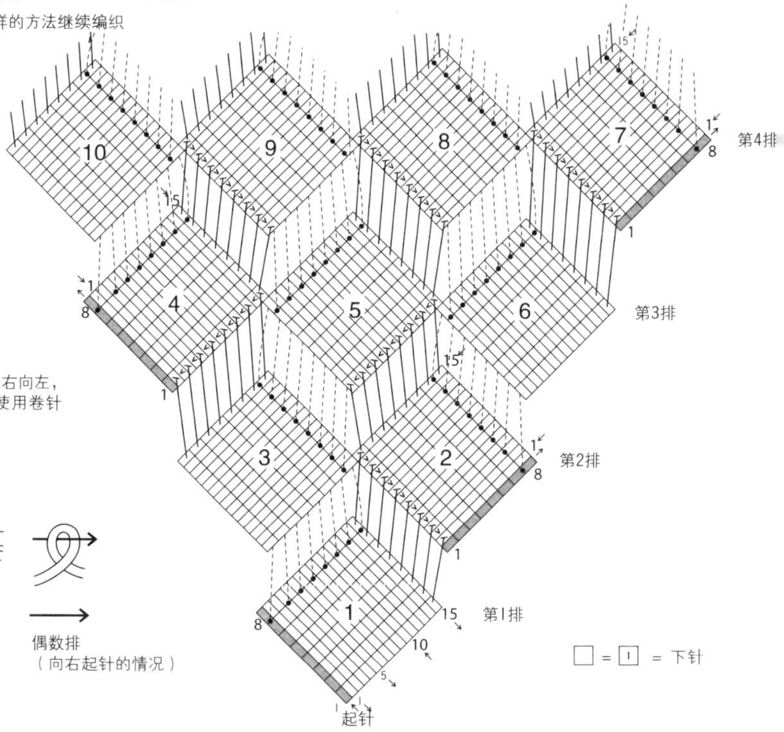

▬ =起针

参照下图，奇数排起针时从右向左，偶数排起针时从左向右，使用卷针起针。

插针的方向

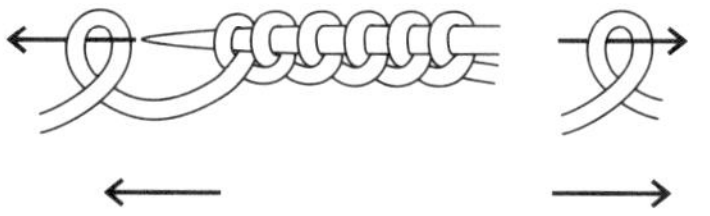

奇数排
（向左起针的情况）

偶数排
（向右起针的情况）

起针

□ = I = 下针

58

袜子（男款、女款、儿童款）→第11页

〈女款〉

材料：[REGIA]带有棉结的苏格兰花呢线 灰色（00090）85g

工具：2号棒针、1号棒针（罗纹针部分用）、4/0号钩针（起针用）

编织密度：白桦编织 1个花片的对角线长为3cm

成品尺寸：袜筒长13cm（包括罗纹针部分2cm），脚底长23cm，脚面周长20cm

〈男款〉

材料：[REGIA]带有棉结的苏格兰花呢线 茶色（00010）105g，蓝色（00052）8g

工具：2号棒针、1号棒针（罗纹针部分用）、4/0号钩针（起针用）

编织密度：白桦编织 1个花片的对角线长为3cm略多

成品尺寸：袜筒长17cm（包括罗纹针部分4cm），脚底长23cm，脚面周长22cm

〈儿童款〉

材料：[设得兰岛制费尔岛毛线（2 ply jumper weight中细）]紫红色（43）5g，茶色（4）、混合黄绿色（FC12）、亮蓝色（FC39）、深紫色（133）各7g

工具：1号棒针，4/0号钩针（起针用）

编织密度：白桦编织 1个花片的对角线长为2.5cm

成品尺寸：袜筒长7cm，脚底长14cm，脚面周长14.5cm

编织方法：这3款袜子，均与女款的编织符号图（第60~61页）相同，使用另线锁针起针，从脚尖部分开始编织。参考男款、儿童款花片的针数×行数表，按照各自的针数、行数，使用与女款相同的方法编织。参照整体图，确认每一排换色的位置、编织终点的位置，参照最后一排的编织方法图，成人款编织罗纹针，儿童款直接收尾。

要点笔记：由于是斜向织片，袜子的伸缩性良好，即便是完成后的尺寸略微小一些，也可以进行拉伸。编织的时候可以根据自己的喜好来确定松紧度。成人款，考虑到织片多少会呈拉伸的状态，所以在编织中连接之后，没有做滑针，而是每一行都进行了编织。另外，儿童款，在编织连接的时候，先将所有的针目挑起，再将最后1针挑针和需要一边编织一边连接的花片做2针并1针。这都是考虑到穿上之后的样式而根据自己的喜好做的调整。希望改变袜筒和脚底的尺寸时，可以通过改变花片的排数进行增或减。

花片的针数×行数

花片的编号		女款	男款	儿童款
基本的花片的针数×行数＝★		7×13	8×15	5×9
1		8×14	9×16	6×10
2		8×13	9×15	6×9
3	★	7×13	8×15	5×9
4		8×13	9×15	6×9
5	★	7×13	8×15	5×9
6		8×13	9×15	6×9
7	★	7×13	8×15	5×9
8	★	7×13	8×15	5×9
9		8×13	9×15	6×9
10	★	7×13	8×15	5×9
11	★	7×13	8×15	5×9
12	全部★	7×13	8×15	5×9

整体图

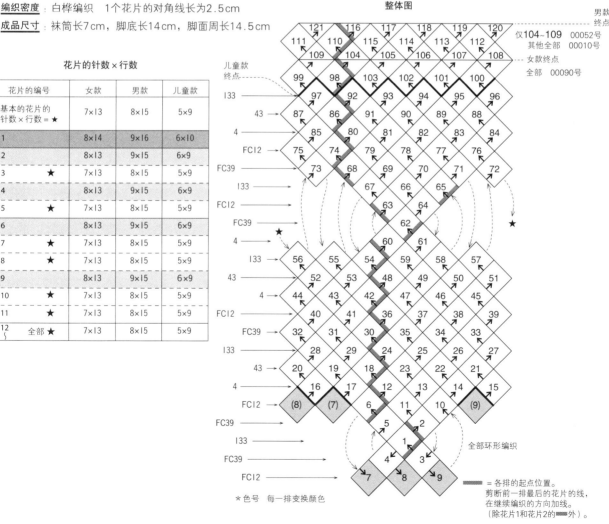

男款终点

仅104~109 00052号
其他全部 00010号

女款终点
全部 00090号

儿童款终点

全部环形编织

= 各排的起点位置。
剪断前一排最后的花片的线，在继续编织的方向上加线。
（除花片1和花片2的■外）。

＊色号 每一排变换颜色

59

↑后接第61页

脚面与脚底（女款）

重复这2排

(72) (73) (73) (68) (71) (72)

56 55 54 59 58 57

28 29(~41)(~53) 24(~36)(~48) 25 26 27

20 19 18(~30)(~42) 23(~35)(~47) 22 21

16 17 12 13 14 15

与8编织连接在一

8(7针) 7(7针) 6(8针) 11(7针) 10(7针) 9(8针)

7 7 8 7 7 8

脚尖（女款）

6 11 10

从9上挑取针目

5 2

从4上挑取针目

1

从2上挑取针目

4 3

从6上挑取针目

7 8 9

= 参照第59页的针数×行数表

= 另线锁针起8针
在编织花片3时
拆开另线锁针穿回棒针
使用（人）编织连接在一起

□ = I = 下针

女款　袜口

16 ←
15
（下针编织）
10 ←
5
2
1
挑针

使用1号棒针从花片上挑取
12针×6个花片＝72针
伏针收针时收得松一些

男款　袜口

19 ←
15
10 ←
5
2
1

使用1号棒针从花片上挑取
13针×6个花片＝78针
对应上下针做伏针收针，收得松一些

儿童款　袜口（花片92~97）

5针的花片，仅在最后1排挑出6针
★ ＝与编织连接在一起的花片的最后的针目做2针并1针，
使用刚刚编织的针目盖住这1针。挑取下一个花片的第1针，
使用剩余的针目盖住这1针，前一个花片的伏针收针完成＝下一个
花片的第1针的挑针完成。

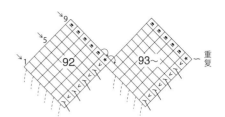

脚部
（女款）

109　104　105　106　107　108

接75

75　74
（~86）
（~98）

79
（91~）
（103~）　78　77　76

重复这2排

73
（~85）
（~97）　68
（80~）
（92~）　69　70　71　72

从56上挑取针目　与55做

从55上挑取针目

67　66　65

与57做　与56做

从57上挑取针目

从58上挑取针目

63　64

从60上挑取针目

脚后跟
（女款）

62

60　61

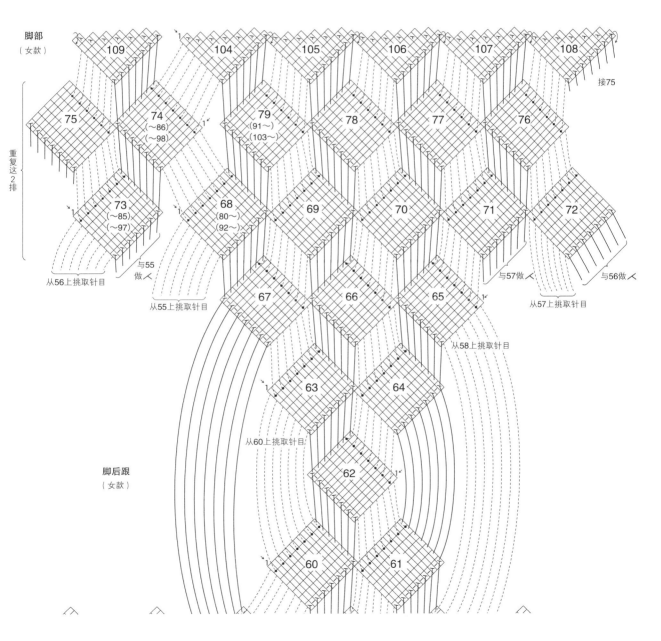

61

V形条纹的三角形披肩 →第9页

材料:[和麻纳卡Rich More]Arno黄色系段染(2)100g,橙色、红色系段染(3)110g,绿色、蓝色系段染(10)110g

工具:7号棒针

编织密度:白桦编织　1个花片的对角线长为2cm

成品尺寸:宽150cm,高(从颈后部到后背中心下摆)71cm

编织方法:参考第58页"条纹花样的三角形披肩"的起针,分别向左、向右做卷针起针,从颈后部中心开始编织,参照编织符号图的编织前进方法,通过变换喜欢的颜色的线,编织出倒V形的条纹。

要点笔记:由于是从颈后部中心开始按V形编织,所以可以根据自己的喜好决定成品的大小。为了能更加简单地遵循规律编织,除了编织终点的最后一排以外,基本的花片都统一为5针×9行,编织符号图中带有○的编号是6针×9行[挑6针(仅限起点的花片起6针),这个花片与编织连接在一起的花片做3针并1针],从而大家看到的花片都统一成为了相同的大小。图中变换颜色的位置,以呈现出V形的颜色为目的,也可以根据喜好在不同的位置变换颜色,从而创造出不同的效果。

整体图

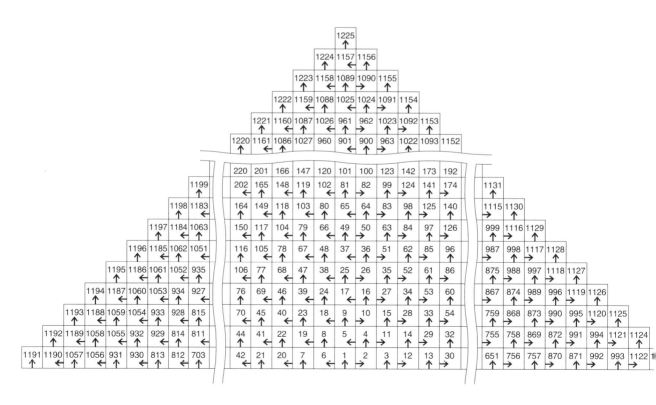

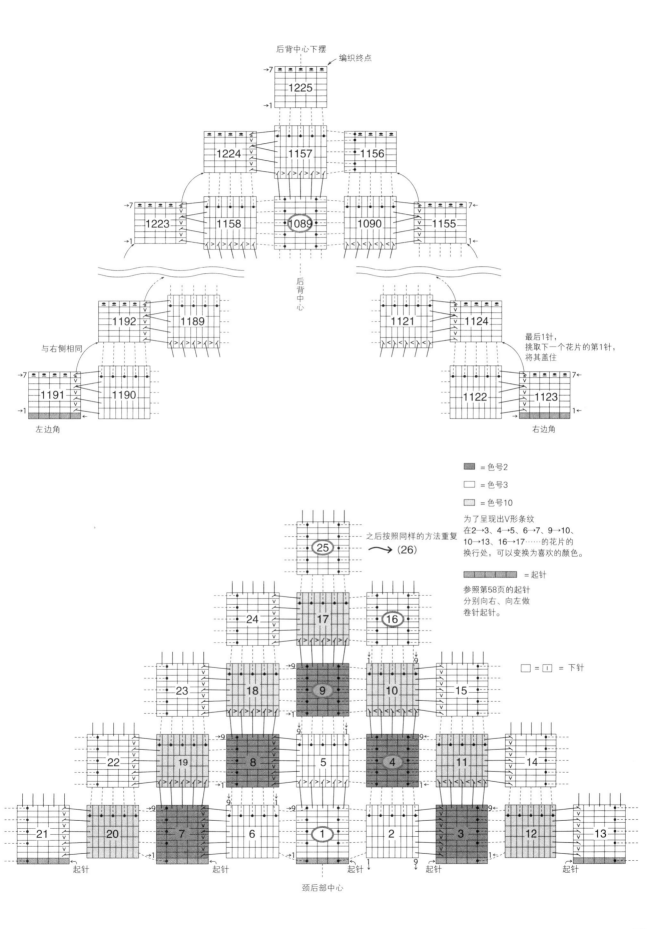

后背中心下摆
编织终点

1225

1224　1157　1156

1223　1158　1089　1090　1155

后背中心

1192　1189

与右侧相同

1191　1190

左边角

1121　1124

最后1针，
挑取下一个花片的第1针，
将其盖住

1122　1123

右边角

■ = 色号2
□ = 色号3
□ = 色号10

为了呈现出V形条纹
在2→3、4→5、6→7、9→10、
10→13、16→17……的花片的
换行处，可以变换为喜欢的颜色。

▨ = 起针

参照第58页的起针
分别向右、向左做
卷针起针。

□ = I = 下针

25

之后按照同样的方法重复
→（26）

24　17　16

23　18　9　10　15

22　19　8　5　4　11　14

21　20　7　6　1　2　3　12　13

起针　起针　起针　起针　起针

颈后部中心

63

双罗纹针的两用帽（围脖）及连指手套、双罗纹针的无跟袜 →第12、15页

〈帽子〉

材料：[和麻纳卡Rich More]Camel Tweed米色(1)、浅灰色(2)、浅蓝色(3)各27g，Excellent Mohair <Count10> Gradation白色(127)37g，纽扣1颗

工具：4号棒针，5/0号钩针（起针用）

编织密度：双罗纹针的白桦编织　1个花片的一条边（高度=行数）为22cm

成品尺寸：平铺时，长（相当于帽子的深度×2）48cm，宽（相当于帽口×1/2）24cm

编织方法：花片1、2使用米色，花片3、4使用浅蓝色，花片5、6使用浅灰色，分别在变换颜色的同时与马海毛线并在一起，2根线合为1股编织。另线锁针起针开始编织，参照图示，全部编织双罗纹针织片，并编织连接在一起。最后对齐花片5、6的针与行缝合在一起。此时，将事先用钩针钩织出的喜欢长度的锁针并挑取里山钩织引拔针的细绳，如纽襻一样缝在转角的部分，再将整体缝合成带状。在对应的另一端钉上纽扣。

〈连指手套〉

材料：[和麻纳卡Rich More]Camel Tweed浅蓝色(3)60g，Excellent Mohair <Count10> Gradation白色(127)25g

工具：3号棒针，4/0号钩针（起针用）

编织密度：双罗纹针的白桦编织　1个花片的一条边（高度=行数）为12.5cm

成品尺寸：手掌一周21cm，长22cm

编织方法：与帽子相同，全部使用2根线合为1股编织，另线锁针起针后，编织24针×46行，随后继续编织23针×45行的织片。花片5、6，参照连指手套的编织符号图编织，参照图中的解说从花片4、5上的休针和没有挑针的行上编织出拇指，接着花片5、6编织出罗纹针。

〈袜子〉

材料：[Osterg otlands]Ombré灰色段染(02)115g，Pals浅灰色(04)70g

工具：3号棒针，2号棒针（罗纹针部分用），4/0号钩针（起针用）

编织密度：双罗纹针的白桦编织　1个花片的一条边（高度=行数）为12cm

成品尺寸：长34cm（从脚尖到袜口，包括5cm的罗纹针），脚面周长11.5cm

编织方法：与帽子、连指手套的起针方法相同，与连指手套花片的针数×行数相同（第1片是24针×46行，从第2片开始是23针×45行）。花片9、10，是将连指手套的编织符号图的花片5重复2次，编织出罗纹针。

要点笔记：作品中的连指手套、袜子是对称编织而成。另一侧是将编织符号图翻转（从反面看到的编织符号图的样子）之后编织而成，但也并不是一定要这么做，如果觉得很难的话，编织两件相同的即可。

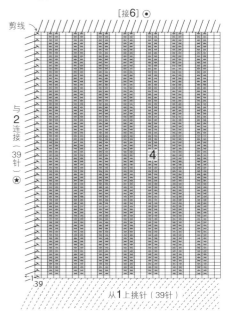

帽子

[接6]⊙

剪线

与2连接（39针）★

4

39

从1上挑针（39针）

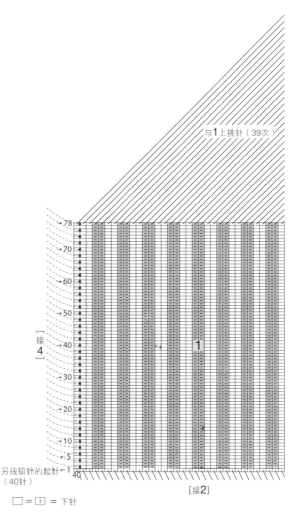

与1上挑针（39次）

[接4]

→78
→70
→60
→50
→40
→30
→20
→10
→5
→1

1

另线锁针的起针（40针）

40

[接2]

□ = 1 = 下针

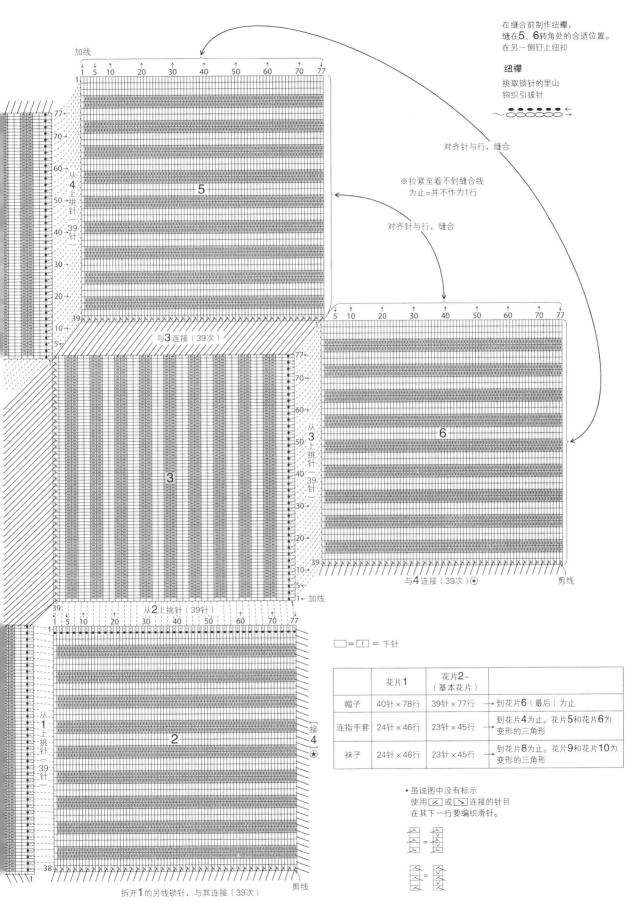

在缝合前制作纽襻，
缝在 **5**、**6** 转角处的合适位置。
在另一侧钉上纽扣

纽襻
挑取锁针的里山
钩织引拔针

对齐针与行，缝合

※拉紧至看不到缝合线
为止=并不作为1行

对齐针与行，缝合

□=ⅠⅠ= 下针

	花片1	花片2~ （基本花片）	
帽子	40针×78行	39针×77行	→到花片6（最后）为止
连指手套	24针×46行	23针×45行	→到花片4为止。花片5和花片6为 变形的三角形
袜子	24针×46行	23针×45行	→到花片8为止。花片9和花片10为 变形的三角形

• 虽说图中没有标示
  使用 ⊠ 或 ⊠ 连接的针目
  在其下一行要编织滑针。

连指手套

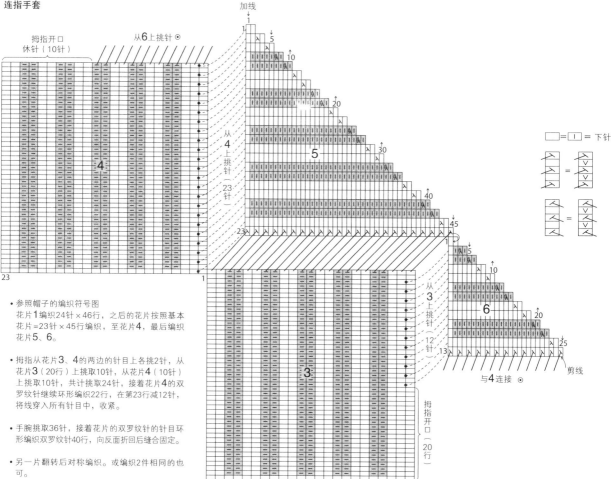

□ = □ = 下针

- 参照帽子的编织符号图
  花片1编织24针×46行，之后的花片按照基本
  花片=23针×45行编织，至花片4，最后编织
  花片5、6。

- 拇指从花片3、4的两边的针目上各挑2针，从
  花片3（20行）上挑取10针，从花片4（10针）
  上挑取24针，共计挑取24针，接着花片4的双
  罗纹针继续环形编织22行，在第23行减12
  针，将线穿入所有针目中，收紧。

- 手腕挑取36针，接着花片4的双罗纹针的针目环
  形编织双罗纹针40行，向反面折回后缝合固定。

- 另一片翻转后对称编织。或编织2件相同的也
  可。

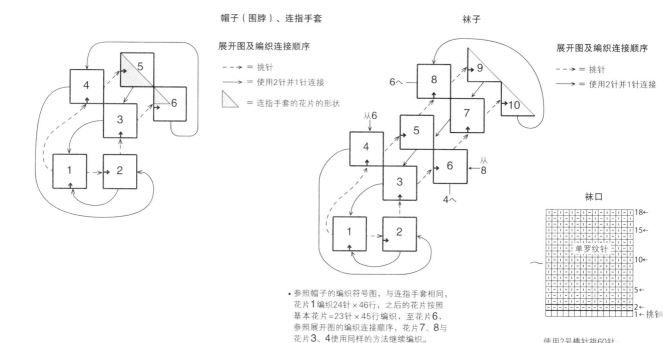

帽子（围脖）、连指手套

展开图及编织连接顺序

- - → = 挑针
—→ = 使用2针并1针连接
◺ = 连指手套的花片的形状

袜子

展开图及编织连接顺序

- - → = 挑针
—→ = 使用2针并1针连接

袜口

- 参照帽子的编织符号图，与连指手套相同，
  花片1编织24针×46行，之后的花片按照
  基本花片=23针×45行编织，至花片6，
  参照展开图的编织连接顺序，花片7、8
  与花片3、4使用同样的方法继续编织。
  花片9、10是重复2次连指手套的花片5。

- 另一片翻转后对称编织，或编织2件相同的
  =也可。

使用2号棒针挑针60针。
编织单罗纹针，最后做
单罗纹针收针。

方格围巾 →第17页

材料：［ISAGER］Spinni浅灰色(2 s)75g，深灰绿色(23 s)
25g，橙红色(28 s)35g

工具：4号棒针

编织密度：白桦编织　1个花片的对角线长为3.2cm

成品尺寸：宽13cm，长100cm

编织方法：手指起针开始编织。参照图示和解说，到边上为止，编织上针和下针，使其成为1针的桂花针织片。花片参照整体图和配色，全部使用3根线合为1股编织，编织每个花片时均需变换颜色。

要点笔记：为了让织片更加平整，或是让每个花片的大小看起来更加一致，可以使用蒸汽熨斗熨烫，或者过一遍水，从而调整好形状。

A= ◆ =23s 3根线合为1股

B= ◆ =28s 3根线合为1股

C= ◆ =2s 3根线合为1股

D= ◇ =2s 2根、28s 1根 合3根线为1股

E= ◇ =2s 2根、23s 1根 合3根线为1股

F= ◇ =28s 2根、23s 1根 合3根线为1股

整体图及配色

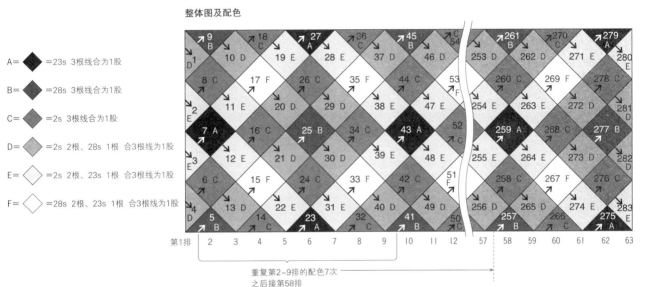

重复第2~9排的配色7次
之后接第58排

★=使用下一个花片的配色线编织，该针作为下一个花片的第1针
（由于最后一排花片281、282之间是相同的颜色，所以没有★）

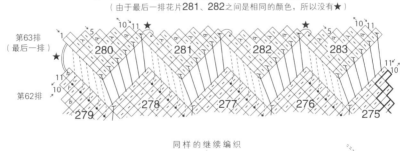

= 下针及上针的加针

下面一行的针目分别编织下针或者上针，随后，按照编织符号图（从正面看到的图），编织下针或上针当作第1针，保持不放开下面一行的针目的状态在同一针目上按照编织扭针的方法再次插入棒针，编织上针或下针。

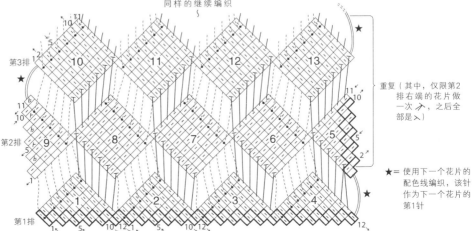

同样的继续编织

重复（其中，仅限第2排右端的花片做一次，之后全部是）

★= 使用下一个花片的配色线编织，该针作为下一个花片的第1针

手指起针

风车图案半指手套 →第18页

材料：［设得兰岛制费尔岛毛线（2 ply jumper weight中细）］
浅灰色（27）28g，棕色（3）、茶色（4）、紫色混合（FC9）、
黄绿色混合（FC12）、深蓝色混合（FC14）、橙色（FC38）、
亮蓝色（FC39）、茶色混合（FC44）、抹茶色（FC46）、浅粉
色（FC50）、浅紫色（FC51）、深红色（FC55）、深茶色混合
（FC58）、浅绿色（FC62）、霜降红色（72）、深棕色（78）、
深紫色（87）、深橙色（122）、紫色（123）、暗紫色（133）各
色少量
工具：1号棒针
编织密度：白桦编织　1个花片的对角线长为2.5cm
成品尺寸：掌围18cm，手套长17cm

编织方法：参照整体图，在各个花片上下的中间位置的标线处，
换为指定的颜色编织。拇指按照整体图编织前进的顺序，立
体地编织并连接在一起。

要点笔记：在全部花片的中间位置的行换色，由于大多数的
下一个花片与前一个花片上半部分的颜色相同，所以在花片
交界处，并非必须将线剪断后再接新的线。这个作品，在编
织中连接时，是先挑取所需的针目，再与下一个花片做2针并
1针而连接在一起。本应左右对称地编织，但为了让风车旋转
的方向一致，利用白桦编织独特的效果，所以左、右手的编
织方法全部相同，可以不分左右佩戴。另外，无论是直线的
边还是保留风车形状的边，都是以拇指为中心进行的设计，
所以无论从上下哪个方向佩戴也都可以。还有，如果线头藏
得好的话，还可以将反面当作正面佩戴，可以感受到不同的
风情。

整体图

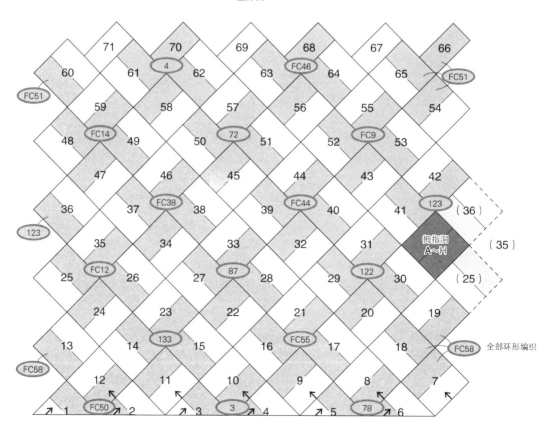

编织前进顺序　**1~30 → 拇指 A~H → 31~71**

□ =浅灰色（27）
▨ =配色

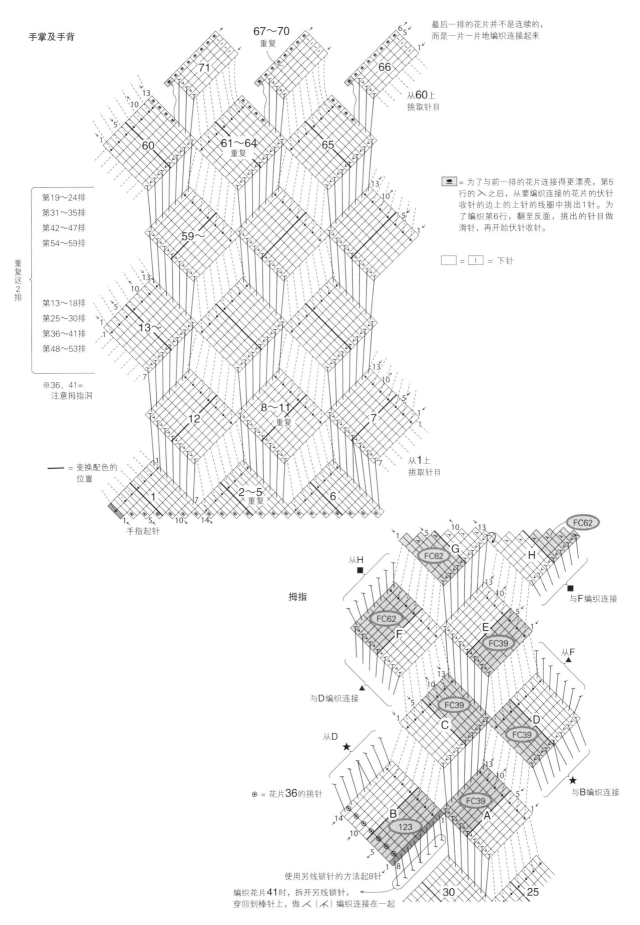

手掌及手背

67～70
重复

71

66

从60上
挑取针目

60

61～64
重复

65

第19～24排
第31～35排
第42～47排
第54～59排

59～

重复这
2排

第13～18排
第25～30排
第36～41排
第48～53排

13～

※36、41=
注意拇指洞

12

8～11
重复

7

从1上
挑取针目

— = 变换配色的
位置

1

2～5
重复

6

手指起针

最后一排的花片并不是连续的,
而是一片一片地编织连接起来

⬤ = 为了与前一排的花片连接得更漂亮,第5
行的 入 之后,从要编织连接的花片的伏针
收针的边上的上针的线圈中挑出1针。为
了编织第6行,翻至反面,挑出的针目做
滑针,再开始伏针收针。

□ = I = 下针

拇指

从H ■

FC62

G

FC62

H

FC62

与F编织连接

FC62

F

E

FC39

从F ▲

与D编织连接

C

FC39

D

FC39

从D ★

⊙ = 花片36的挑针

B

123

A

FC39

★

与B编织连接

使用另线锁针的方法起8针

编织花片41时,拆开另线锁针,
穿回到棒针上,做 人(木)编织连接在一起

30

25

69

不规则花片的围巾 →第21页

材料：[手织屋]T Honey Wool黄色混合（34）、红色混合
（39）、蓝色混合（41）各45g

工具：5号棒针，5/0号钩针（起针用）

编织密度：白桦编织织片10针×19行（基本花片）的对角线长
为7cm，6针×11行（基本花片）的对角线长为2.5cm

成品尺寸：最大宽16cm，长110cm

编织方法：使用用钩针在棒针上起针的方法（第57页）起针，
开始编织。参照整体图，在每一排变换颜色。

要点笔记：该作品，在编织连接时，先挑取针目，再将挑取
的最后1针与需要连接的花片做2针并1针，从而编织连接在一
起。基本的花片是10针×19行、6针×11行、6针×19行≈
10针×11行，一边编织一边连接时，从一端到另一端每隔1
行挑一次针的话，与保持一定的横竖关系的标准大小的花片
的编织方法相同，因此只要遵循基本的一边编织一边连接方
法，就可以将这些不规则的花片自然而然地连接在一起了。
但为了让形状看起来更规整，最开始的花片1、2、3和最后一
排的花片176、177、178以及花片14、25等，略微设计了一
些变形的部分，请注意。

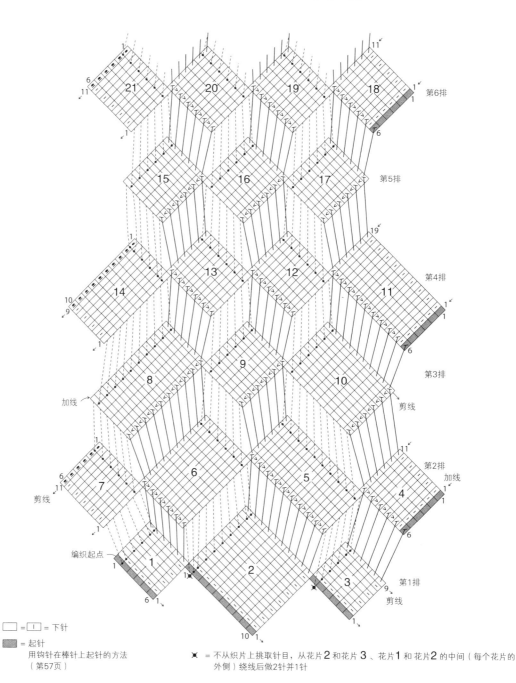

□ = [I] = 下针

▨ = 起针
　用钩针在棒针上起针的方法
　（第57页）

✖ = 不从织片上挑取针目，从花片2和花片3、花片1和花片2的中间（每个花片的
外侧）绕线后做2针并1针

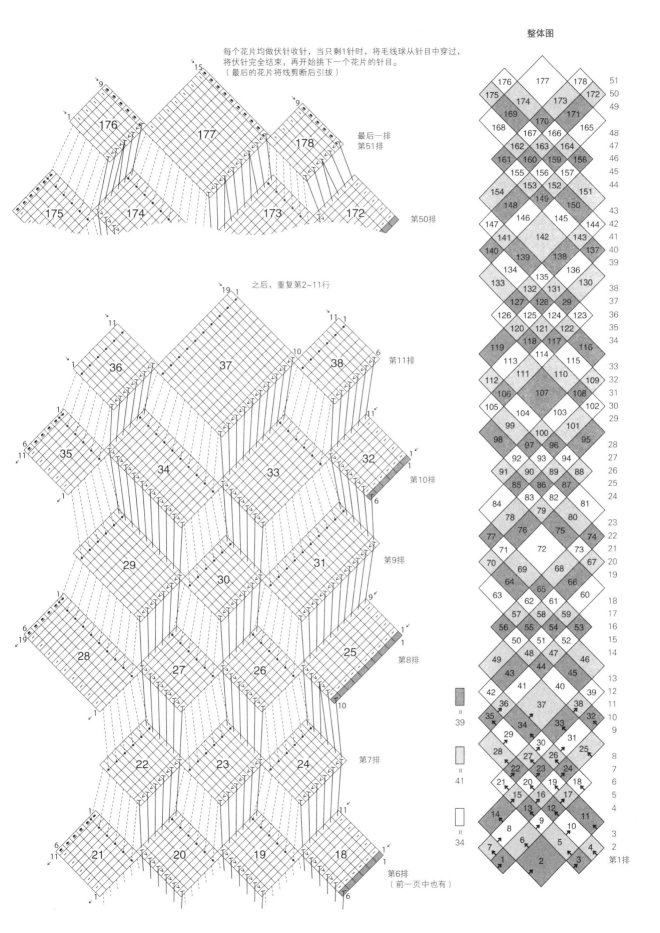

每个花片均做伏针收针，当只剩1针时，将毛线球从针目中穿过，将伏针完全结束，再开始挑下一个花片的针目。
（最后的花片将线剪断后引拔）

之后，重复第2~11行

整体图

71

北欧风防寒帽 →第23页

材料：[芭贝]带有棉结的Bottonato藏青色(109)90g
工具：4号棒针、5号棒针(I-Cord用，两端不带堵头的针2根)
编织密度：白桦编织　1个花片的对角线长为4cm
成品尺寸：头围54cm，帽顶到护耳下30cm，帽顶到颈后部22cm

编织方法：参照编织符号图，按照花片的顺序编织连接。基本的花片全部是7针，为了让编织连接时，最终看到的针数、行数统一，有些地方会变为8针。在挑针的时候，在与该花片编织连接的一侧要做3针并1针，请注意。在结束了编织起点处不规则的编织连接之后，开始按照规则环形编织，随后编织护耳部分，左右两侧分别编织。

要点笔记：由于编织符号图分为两页，看起来会有一些复杂，但只要按照顺序编织的话，就会成为立体的形状。编织I-Cord时（细绳），为了让I-Cord看起来更加蓬松，在通常的编织连接的方法中加以变化，在与帽子编织连接的位置做了上针的2针并1针。

整体图

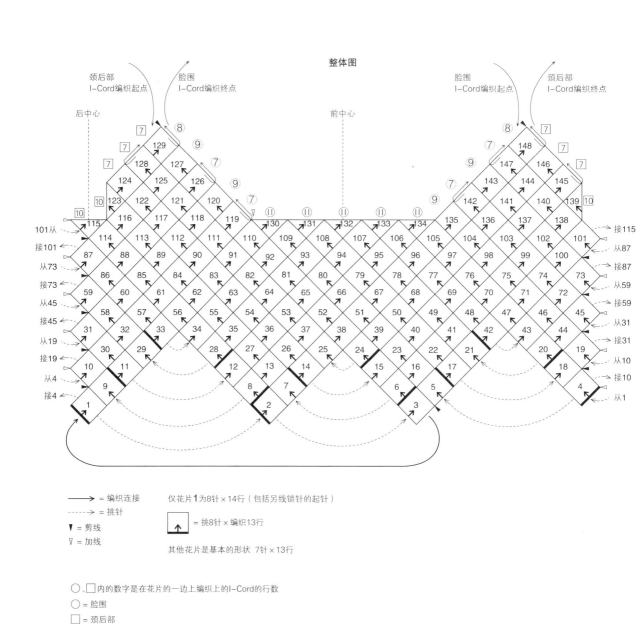

——→ = 编织连接　　仅花片**1**为8针×14行（包括另线锁针的起针）
----→ = 挑针
▼ = 剪线
▽ = 加线

↑ = 挑8针×编织13行

其他花片是基本的形状　7针×13行

○、□内的数字是在花片的一边上编织上的I-Cord的行数
○ = 脸围
□ = 颈后部

从头顶开始编织起点部分

接31　从10的侧边上挑取7针

接10　1　从1侧边上挑取8针

基本的形状=7针×13行

另线锁针的起针（8针）

编织1，从侧边上挑取8针接2

从8上挑取8针接9

从11上挑取7针接12

从28上挑取7针接29

编织2，从侧边上挑取8针接3

从6上挑取8针接7

从14上挑取7针接15

从24上挑取7针接25

从4上挑取7针接5

从17上挑取7针接18

从20上挑取7针接21

接4　从4上挑取7针

接19

拆开1的另线锁针收针

□ = ｜ = 下针

▼ = 剪线

▽ = 加线

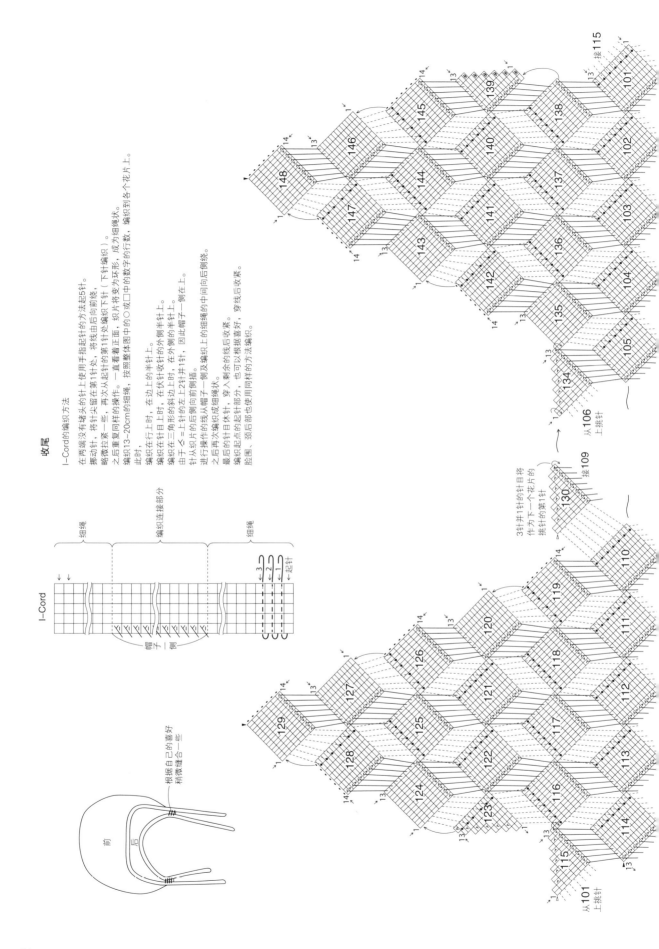

收尾

I-Cord的编织方法

在两端没有堵头的针上使用手指起针的方法起5针。
挪动针，将针尖留在第1针处，将线由后向前绕，
略微拉紧一些，再次从起针处编织下针（下针编织）。
之后重复同样的操作，一直看着正面，按照整体图中的数字的行数，成为细绳状。
编织13～20cm的细绳，按照整体图中的○或口中的数字，编织到各个花片上。
此时，
编织在行上时，在边上的半针上。
编织在针目上时，在伏针收针的外侧半针上。
编织在三角形的斜边上时，在外侧的半针上。
由子=上针的左2针并1针，因此帽子一侧在上。
针从织片的后侧向前侧插。
进行操作的线从帽子一侧及编织成细绳的中间向后侧绕。
之后再次从后侧向前侧编织成细绳状。
最后的针目休针，穿入剩余的线后收紧。
编织起点的起针部分，也可以根据喜好收紧。
脸周、颈口部也使用同样的方法编织。

细绳

编织连接部分

细绳

I-Cord

帽子一侧

起针

根据自己的喜好
稍微缝合一些

前

后

3针并1针的针目将作为下一个花片的挑针的第1针

接115

接109

从106上挑针

从101上挑针

多功能风帽 →第25页

材料：[野吕英作] Silk Garden Solo茶色(6)195g, Silk Garden 茶色系渐变(267)30g，纽扣3颗

工具：6号棒针、5号棒针，7.5/0号钩针（起针用）

编织密度：白桦编织　1个花片的对角线线长为3cm

成品尺寸：风帽宽24cm，长34cm（包括颈部桂花针的4cm），育克罗纹针部分长10cm，育克罗纹针部分下摆周长96cm

编织方法：另线锁针起针开始编织。白桦编织部分使用6号棒针，其余的部分使用5号棒针。花片12～17拆开花片1～5的另线锁针，编织连接在一起。基本的花片是5针，但为了编织连接后最终看到的针数、行数相同，有些地方会变为6针。在挑针的时候，与那个织片编织连接在一起时要做1次3针并1针，请注意。将编织起点处的不同规律的编织连接完成之后，再按照规则平面编织，参照图示，最后再编织颈部两端不同规律的部分。参照整体图，可以根据喜好，在不同的各个地方变换花片的颜色（换为267号）。接着编织颈部下侧、育克的罗纹针部分，以及前门襟、风帽帽口。

要点笔记：该作品，在一边编织一边连接时，先挑取所有的针目，再将最后一针挑针与需要编织连接的花片重新做2针并1针连接在一起。起针的另线锁针，并不是每一个花片起出所需的针数，而是钩织出长绳状的另线锁针。每个花片间留出一定的距离，在1根锁针的细绳上起针（编织出来）。这样，无论是各个花片（1～5）的起针，还是拆开另线锁针时，都比较简单。设计时，希望在最终看到的针数、行数统一，但仅有花片1～5（头顶部分）最终看到的针数是4针，这是为了让各个花片能够按照编织方向顺畅地编织出来。设计时，为了拆开另线锁针时，可以简单地编织连接在一起，也下了一番功夫。

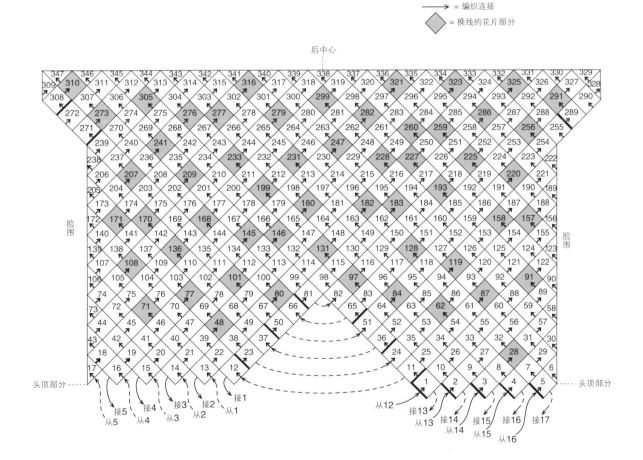

整体图

↑ = 挑6针编织9行
　（另线锁针起针时，起6针编织9行）
其他花片是基本的形状　5针×9行

- - - → = 挑针

——→ = 编织连接

◇ = 换线的花片部分

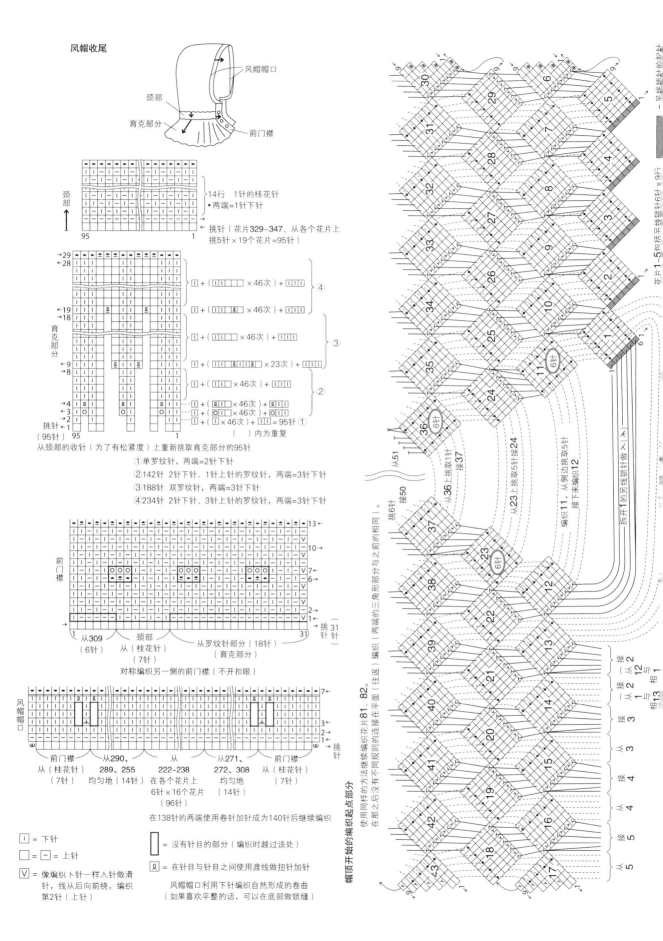

风帽收尾

颈部

育克部分

前门襟

风帽帽口

颈部

14行　1针的桂花针
• 两端=1针下针

挑针（花片329~347，从各个花片上
挑5针×19个花片=95针）

育克部分

→29
←28

←19
←18

→9
→8

→4
←3
←2
挑针
（95针）95　　　　　　　　1

I +（ I [□□□□] I ×46次）+ I [□□] I ④

I +（ I [□ ℘ □] I ×46次）+ I [□□] I

I +（ I [□□] I ×46次）+ I [□□] I ③

I +（ I [□ ℘ I I □] I ×23次）+ I [□□] I

I +（ I [□□□] I ×46次）+ I [□□] I ②

I +（ [℘ I] I ×46次）+ I [□ ℘] I

I +（ I ×46次）+ I I = 95针 ①

（　）内为重复

从颈部的收针（为了有松紧度）上重新挑取育克部分的95针

①单罗纹针，两端=2针下针

②142针　2针下针、1针上针的罗纹针，两端=3针下针

③188针　双罗纹针，两端=3针下针

④234针　2针下针、3针上针的罗纹针，两端=3针下针

→13
→10
→7
→6

→2
→1
挑针
（31针）

前门襟

从309
（6针）
从（桂花针）
（7针）

颈部
从罗纹针部分（18针）
（育克部分）

31

对称编织另一侧的前门襟（不开扣眼）

风帽帽口

→7
→6

→2
→1
挑针

前门襟
从（桂花针）
（7针）

从290、
289、255
均匀地
（14针）

从
222~238
在各个花片上
6针×16个花片
（96针）

从271、
272、308
均匀地
（14针）

前门襟
从（桂花针）
（7针）

在138针的两端使用卷针加针成为140针后继续编织

I = 下针

□ = - = 上针

V = 像编织下针一样入针做滑
针，线从后向前绕，编织
第2针（上针）

[ ] = 没有针目的部分（编织时越过该处）

℘ = 在针目与针目之间使用渡线做扭针加针

风帽帽口用下针编织自然形成的卷曲
（如果喜欢平整的话，可以在底部做锁缝）

帽顶开始编织的编织起点部分

使用同样的方法继续编织花片81、82。
在那之后没有不同规则的连接（注返）编织，（两端的三角形部分与之前的相同）。编织的连接是在平面上进行的连接。

颈部的两端部分

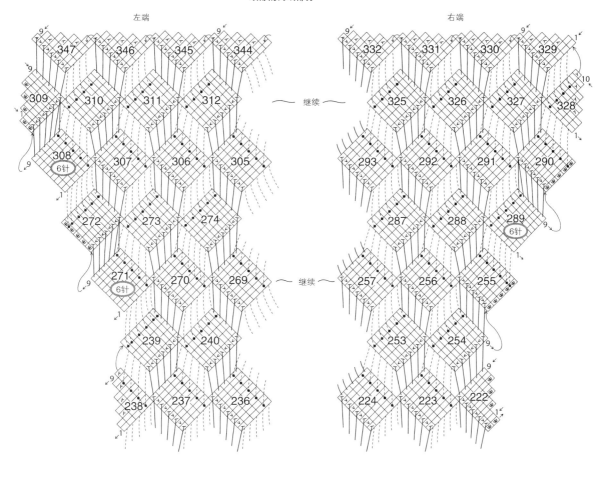

左端

右端

继续

继续

风帽头巾 →第26页

材料：[ROWAN] Felted Tweed的Tawny(186)200g
工具：3号棒针
编织密度：白桦编织　1个花片的对角线长为2.5cm
成品尺寸：风帽最宽处38cm，颈后部中心到下摆长70cm，脸部中心到下摆长78cm

编织方法：围巾从一端的顶尖开始编织。参照图示，逐排增加花片的个数。第61~70排，两端的花片休针备用，编织至第71排（头顶部分）后，在第72~81排，与休针备用的第61~70排编织连接在一起，制作风帽部分。从第82排开始，将成为另一端的围巾部分，与编织起点部分相同，参照图示，逐排减少花片的个数。

要点笔记：基本的花片是5针×9行，为了让最终看到的形状统一，若干位置会出现6针，请注意。前半部分，由于是逐排增加花片的个数，会使用卷针起针，在其下一行与花片做2针并1针编织连接在一起的时候，看起来很像要掉下来，不太好操作，因此在做2针并1针时，只有将这一针卷针扭转一下再做2针并1针，会比较稳固（参见图中解说）。

▼ =剪线
▽ =加线
---→ = 挑针
——→ = 编织连接

141
140
135
130
125
120
115
110
105
100
95
90
85
81
80
75
71 —— 头顶部分
70
65
61
60
55
50
45
40
35
30
25
20
15
10
5
3
2
1

颈后部

脸部

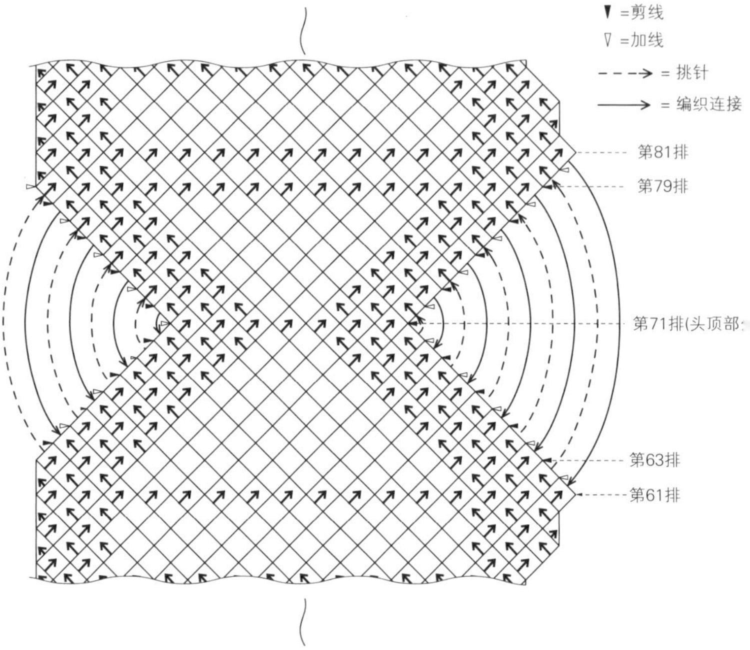

第81排
第79排
第71排(头顶部)
第63排
第61排

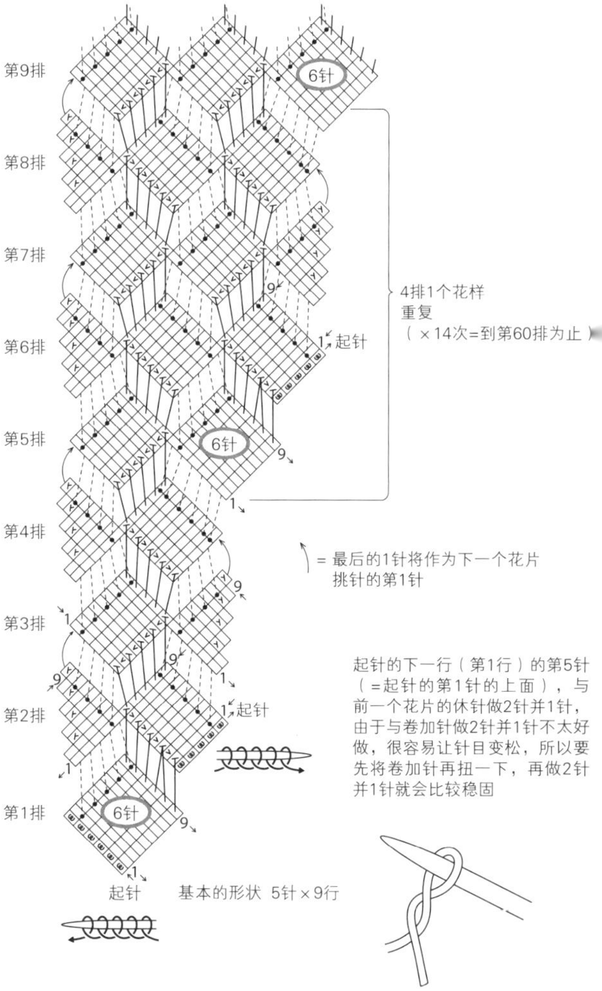

第9排
第8排
第7排
第6排
第5排
第4排
第3排
第2排
第1排

6针

9
起针
1

4排1个花样
重复
（×14次=到第60排为止）

= 最后的1针将作为下一个花片
挑针的第1针

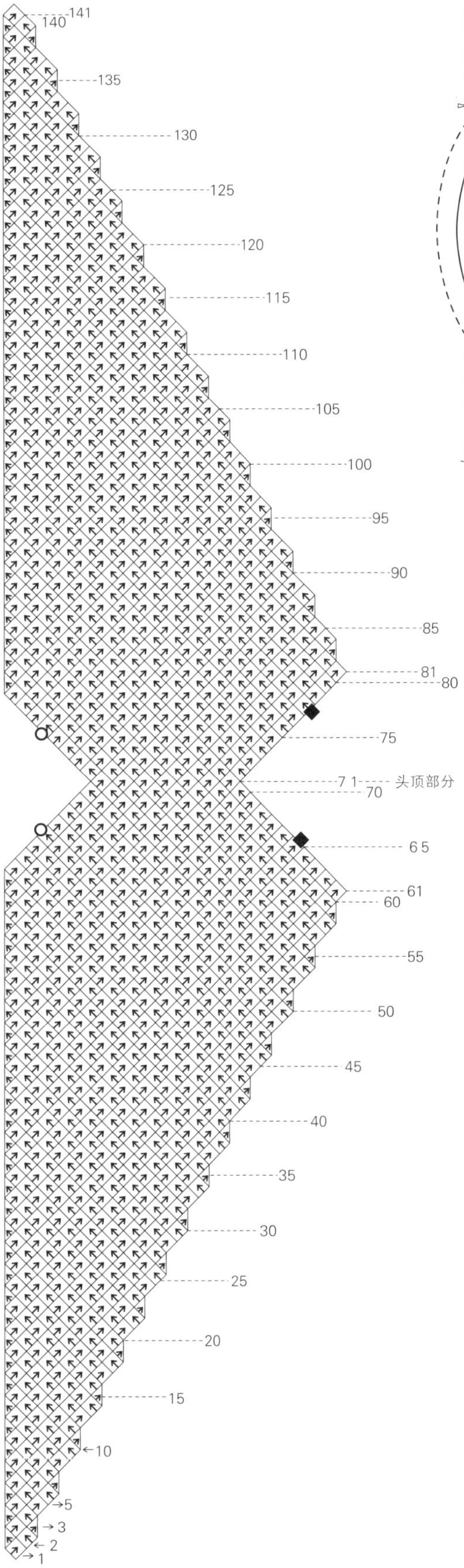

起针的下一行（第1行）的第5针
（=起针的第1针的上面），与
前一个花片的休针的2针做2针并1针，
由于与卷加针做2针并1针不太好
做，很容易让针目变松，所以要
先将卷加针再扭一下，再做2针
并1针就会比较稳固

起针　基本的形状　5针×9行

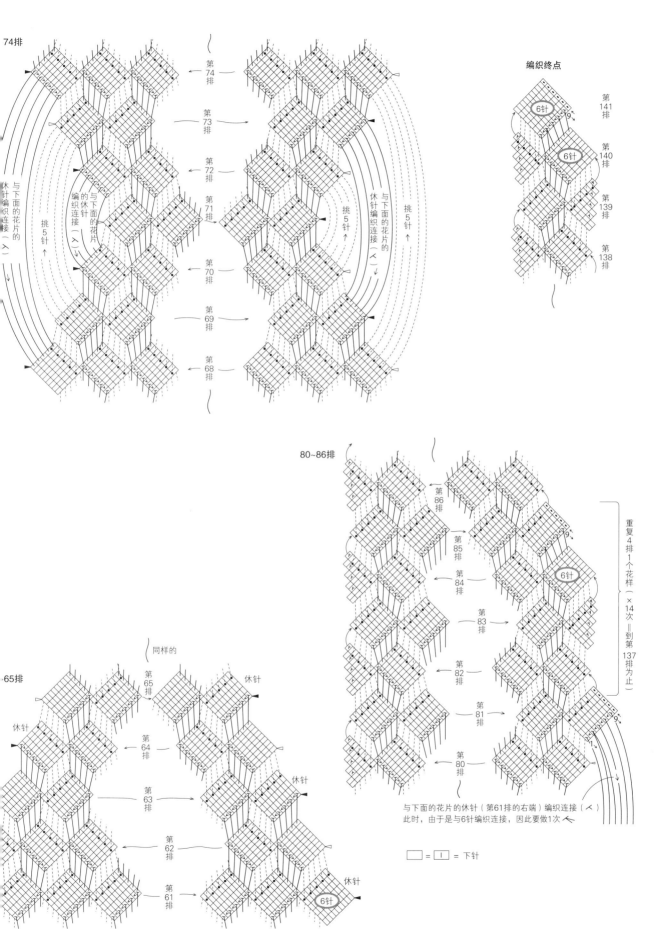

74排

第74排

第73排

第72排

第71排

第70排

第69排

第68排

编织终点

6针 第141排

6针 第140排

第139排

第138排

休针编织连接（人）

与下面的花片的

挑5针

休针编织连接（人）

的休针编织连接（人）

与下面的花片

休针编织连接（人）

与下面的花片的

挑5针

挑5针

80~86排

第86排

第85排

第84排

6针

第83排

重复4排1个花样（×14次＝到第137排为止）

第82排

第81排

9

第80排

9

同样的

65排

第65排

休针

休针

休针

第64排

休针

第63排

第62排

第61排

6针

休针

与下面的花片的休针（第61排的右端）编织连接（人）
此时，由于是与6针编织连接，因此要做1次 人

☐ = ☐ = 下针

79

圆球装饰链 →第29页

材料：[Jamieson's]Spindrift、[设得兰岛制费尔岛毛线（2 ply jumper weight中细）] 各色少量（详见使用线色号一览）

工具：1号棒针，0号棒针，2/0号钩针

编织密度：圆球的大小2～2.5cm

成品尺寸：装饰链长100cm

编织方法：手指起针开始编织，参照图示编织连接在一起。花片1与4之间，使用毛线缝针按照针目做对齐针与行的缝合。拉紧线，使从外侧看不到缝合的针目。参照组合方法，用锁针连接在一起。

要点笔记：颜色及针号请参照下图。也可以根据自己的喜好选择不同颜色的线、针号、个数等。

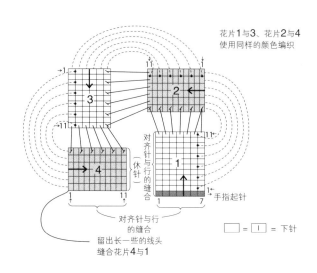

花片1与3、花片2与4
使用同样的颜色编织

对齐针与行的缝合（休针）

对齐针与行的缝合

手指起针

留出长一些的线头
缝合花片4与1

□ = Ｉ = 下针

将钩针（2/0号）插入圆球的织片中，将线拉出，钩织锁针。
在与圆球编织连接在一起的同时编织锁针时，将钩针插入圆球中，引拔前1针锁针

圆球

与圆球编织连接完成后
使用引拔针结束

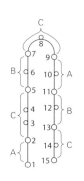

细绳	配 色
A	J·237
B	J·246
C	J·1130

细绳 = 约100cm

圆球	配	色	针号数
1	J·135	J·1260	0
2	J·150	J·375	0
3	FC12	J·242	1
4	J·231	J·821	0
5	J·237	J·301	1
6	J·423	J·186	1
7	J·187	J·272	1
8	FC12	J·243	1
9	J·187	J·243	1
10	J·233	J·596	1
11	J·195	J·271	1
12	122	1284	1
13	J·567	J·640	1
14	FC44	J·791	1
15	J·144	J·153	0
手掌中	FC22	J·789	1
	J·195	J·271	1
	J·125	J·1130	0
	J·155	J·794	1

色号…J = Jamieson's
其他为设得兰岛制
费尔岛毛线

花瓶领背心 →第31页

材料：[Ostergotlands]Ombré 灰色段染、蓝色段染、Visjo蓝色、牛仔蓝、达拉娜蓝、浅蓝色、天空蓝、白色、灰白色、浅灰色、灰色、深灰色、Karamell蓝色渐变、浅蓝色渐变、蓝色至黑色渐变的各色少量（完成品的参考重量=410g，颜色为参考）

工具：3号棒针，2号棒针

编织密度：白桦编织 1个花片的对角线长为3.5cm（3号棒针、7针×13行 编织起点下摆处的情况）

成品尺寸：长（从连接衣领的位置开始）62cm，下摆宽52cm，腋下宽48cm，肩宽38cm

编织方法：使用用钩针在棒针上起针的方法（第57页）起针，开始编织。环形编织到腋下为止，之后参照图示，后身片、前身片及领窝的左、右前身片分别编织。领窝的前身片及后身片的领开口部分全部休针备用。前、后身片的肩部使用毛线缝针做对齐针与行的缝合，从领窝上编织出衣领。将各片的休针以及拆开另线锁针的起针（前身片）编织连接，挑针使用与之前相同的方法从领窝的行上挑取。

要点笔记：该作品，在编织连接时，先挑取所需的针目，再将最后一针挑针与需要编织连接的花片做2针并1针，重新编织连接在一起。颜色可以参照作品页，也可以根据自己的喜好每一排换一次色或是在排的中间位置换色。花片的大小，从下摆开始到衣领，分为3个阶段，也有在编织的过程中换小1号棒针的情况，请注意。在身片与衣领编织连接的位置，由于使用的是立体的编织连接方法，有4个地方，不是将4片而是将5片连接在一起，请注意。

背心 整体图

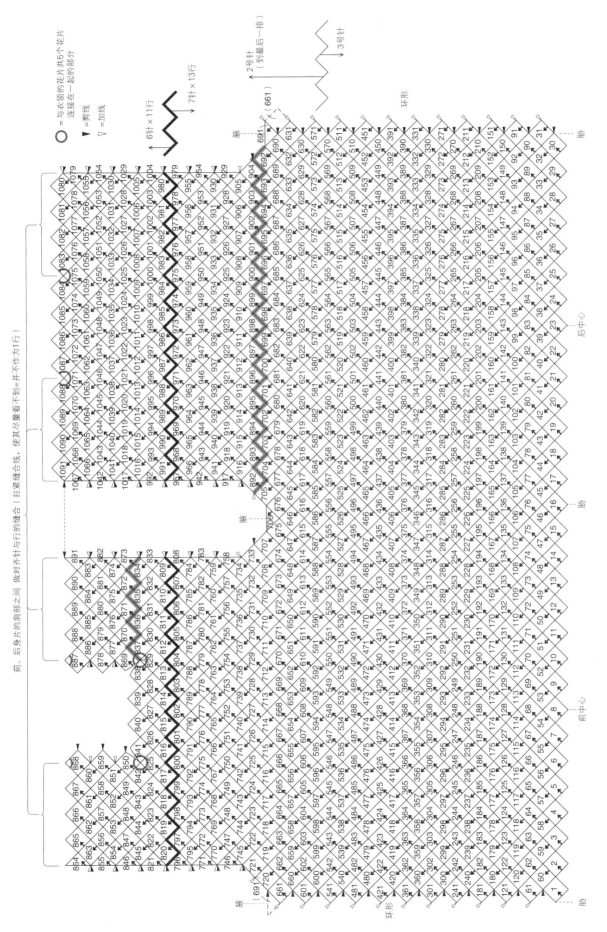

81

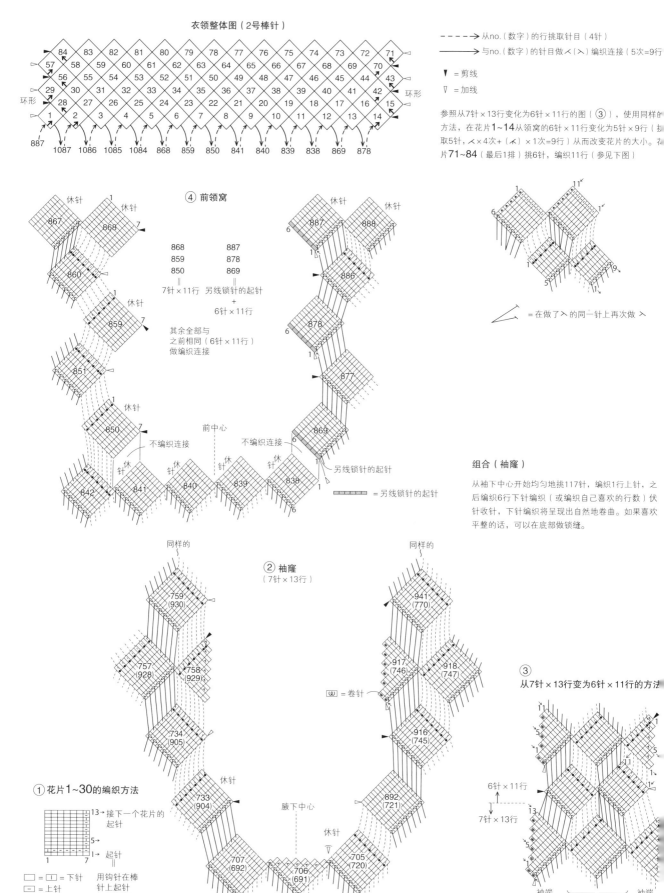

衣领整体图（2号棒针）

----→ 从no.（数字）的行挑取针目（4针）

——→ 与no.（数字）的针目做人（入）编织连接（5次=9行）

▼ = 剪线
▽ = 加线

参照从7针×13行变化为6针×11行的图（③），使用同样的方法，在花片1~14从领窝的6针×11行变化为5针×9行（挑取5针，人×4次+（人）×1次=9行）从而改变花片的大小。花片71~84（最后1排）挑6针，编织11行（参见下图）

↗ = 在做了人的同一针上再次做人

④ 前领窝

868   887
859   878
850   869
=
7针×11行 另线锁针的起针
+
6针×11行

其余全部与之前相同（6针×11行）做编织连接

不编织连接
前中心
不编织连接
另线锁针的起针

▨ = 另线锁针的起针

② 袖窿
（7针×13行）

ⓦ = 卷针

组合（袖窿）

从袖下中心开始均匀地挑117针，编织1行上针，之后编织6行下针编织（或编织自己喜欢的行数）伏针收针，下针编织将呈现出自然地卷曲。如果喜欢平整的话，可以在底部做锁缝。

③
从7针×13行变为6针×11行的方法

6针×11行
7针×13行

袖端   身片（重复）   袖端

① 花片1~30的编织方法

13→接下一个花片的起针
5→
1→ 起针
=
用钩针在棒针上起针
→第57页

□ = ［①］ = 下针
□ = 上针

七宝连接围巾 →第34页

材料：[ROWAN]Kidsilk Haze的Dewberry（600）70g
工具：5号棒针，4/0号钩针（边缘编织用）
编织密度：白桦编织　1个花片的对角线长为5cm
成品尺寸：宽27cm，长117cm

编织方法：参考用棒针在棒针上起针（第98页）的方法，2根线合为1股开始编织。依照解说，仅在转角处编织连接在一起。最后使用钩针在织片的四周做边缘编织。

要点笔记：边缘编织，为了让每个花片的间距看起来差不多，要在花片间隔的地方钩织锁针。全部完成后，可以在边缘编织上轻轻地别上珠针固定，使用蒸汽熨斗等整形。

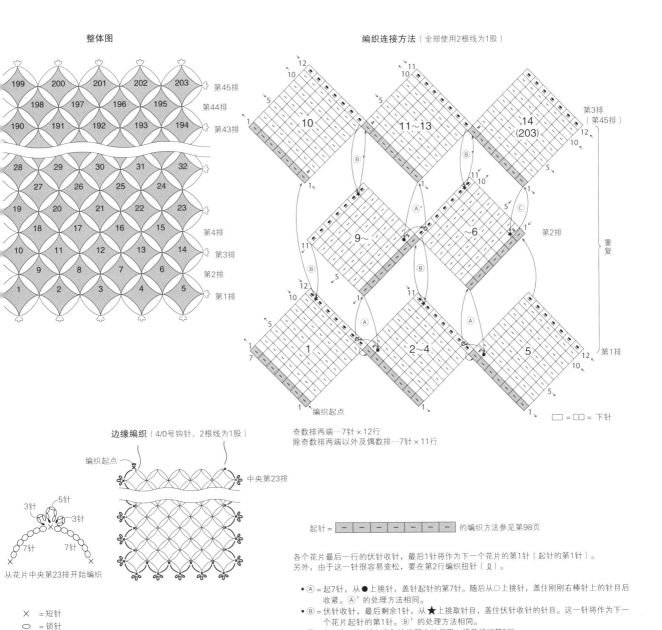

整体图

编织连接方法（全部使用2根线为1股）

奇数排两端…7针×12行
除奇数排两端以外及偶数排…7针×11行

边缘编织（4/0号钩针、2根线为1股）

编织起点
中央第23排
从花片中央第23排开始编织
5针
3针
3针
7针　　7针

× =短针
○ =锁针
• =引拔针

= 3针锁针的引拔狗牙针、5针锁针的引拔狗牙针、3针锁针的引拔狗牙针

起针 = ▭▭▭▭▭▭▭ 的编织方法参见第98页

各个花片最后一行的伏针收针，最后1针将作为下一个花片的第1针（起针的第1针）。另外，由于这一针很容易变松，要在第2行编织扭针（Ω）。

- ●Ⓐ = 起7针，从●上挑针，盖针起针的第7针。随后从○上挑针，盖住刚刚右棒针上的针目后收紧。Ⓐ'的处理方法相同。
- ●Ⓑ = 伏针收针，最后剩余1针，从★上挑取针目，盖住伏针收针的针目。这一针将作为下一个花片起针的第1针。Ⓑ'的处理方法相同。
- ●Ⓒ = 起7针，第7针与Ⓑ'的处理方法相同，接着编织第2行。
重复同样的操作，编织至第45行（或自己喜欢的长度）后，参照上图将花片做伏针收针后结束。

= ▭ = 下针

不规则花片的高领育克装饰领 →第32页

材料：[野吕英作] Silk Garden茶色系渐变（267）125g，原色系渐变（269）60g

工具：5号棒针，4、5、6号棒针（罗纹针用）

编织密度：10cm×10cm面积内　下针编织23针、30行（5号棒针）

成品尺寸：领高20cm，领口一周44cm；育克下摆一周115cm，育克高18.5cm

编织方法：重复编织大小不同的花片，连接成环形。从下一排开始，参照变形花片逐渐变大的规律的说明及图示，编织连接在一起。从编织起点位置的领窝上挑针，依照解说，变换针号，编织衣领部分。

要点笔记：该作品，在一边编织一边连接时，先挑取所需的针目，再将最后一针挑针与需要编织连接的花片做2针并1针，重新编织连接在一起。与第70页的"不规则花片的围巾"使用同样的方法，在编织过程中连接时，从一端到另一端每隔1行挑一次针的话，与保持一定横竖关系的标准大小的花片的编织方法相同，因此只要遵循基本的编织连接方法，就可以将这些不规则的花片自然而然地连接在一起了。设计该作品时，又增加了更多的变化，每次在与下一个花片连接在一起的时候，按照规律增加针数与行数，在将变形的花片连接在一起的同时，花片都将逐渐变大。到最后一排为止都有编织图，如果理解了这个规律，编织起来也并不难。衣领的最后，由于线捻得松，所以做了伏针收针。

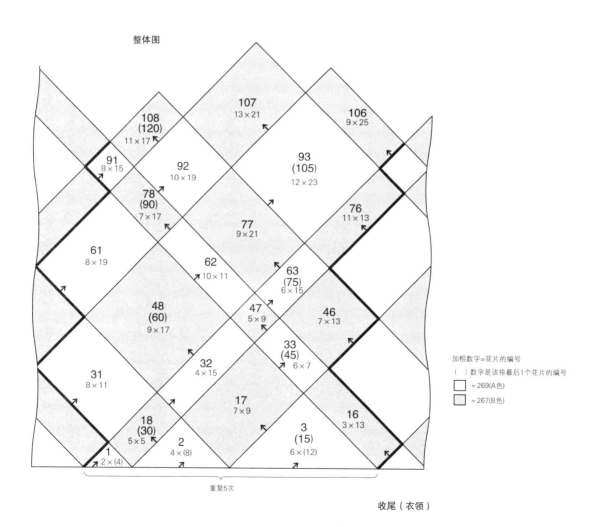

整体图

收尾（衣领）

使用4号棒针、B色（267）线，在颈部一周均匀地挑108针，环形编织。在挑针的下一行全部编织上针，之后编织50行双罗纹针，在编织起点的前18行使用4号棒针，接下来的20行使用5号棒针，最后的12行使用6号棒针，编织终点，在下针上编织下针，在上针上编织上针，伏针收针。

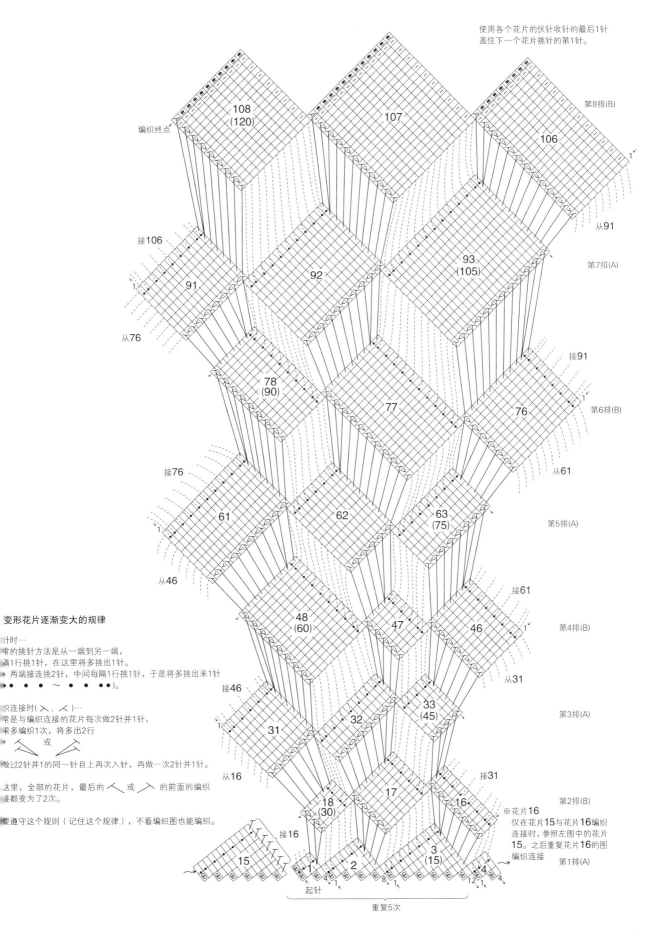

使用各个花片的伏针收针的最后1针盖住下一个花片挑针的第1针。

变形花片逐渐变大的规律

计时…

常的挑针方法是从一端到另一端，
隔1行挑1针，在这里将多挑出1针。
➤ 两端接连2针，中间每隔1行挑1针，于是将多挑出来1针
● ● ● ● ～ ● ● ● ●）。

只连接时（ ＞、＜ ）…
常是与编织连接的花片每次做2针并1针，
果多编织1次，将多出2行
➤ ＞ 或 ＞＞
故过2针并1的同一针目上再次入针，再做一次2针并1针。

这里，全部的花片，最后的 ＜ 或 ＞ 的前面的编织
妾都变为了2次。

要遵守这个规则（记住这个规律），不看编织图也能编织。

※花片16
仅在花片15与花片16编织连接时，参照左图中的花片15。之后重复花片16的图编织连接

扭转花片的围巾 →第34页

<u>材料</u>：[手织屋]Moke Wool A混合浅绿色（18）95g

<u>工具</u>：3号棒针（除了编织织片本身的针以外，用于编织扭转花片的无堵头针1根）

<u>编织密度</u>：白桦编织　1个花片（不扭转的花片）的对角线长为4cm

<u>成品尺寸</u>：宽19cm，长112cm

<u>编织方法</u>：使用用棒针在棒针上起针的方法（第98页）开始编织，偶数排遵照解说，将织好的织片向反面扭转，再编织连接在一起。

<u>要点笔记</u>：偶数排的编织图（第2排，之后重复）中，第14行的编织前进方向（箭头）与接下来的花片并不能编织连接，只有扭转之后，才能移动到下一个花片。由于扭转的方向全部都一样，所以最终织片将向一边倾斜。

整体图

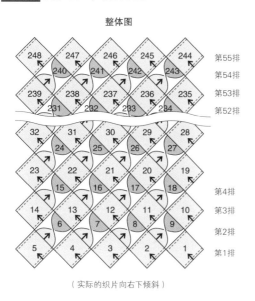

（实际的织片向右下倾斜）

$\begin{array}{|c|c|c|c|c|c|}\hline - & - & - & - & - & \uparrow \\\hline\end{array}$ ＝用棒针在棒针上起针
（起针的方向　→　←）参见第98页

各个花片最后一行的伏针，将作为下一个花片的第1针。
另外，若该针是奇数排起针的第1针的话，很容易变松，要在第2行编织扭针（Ω）。

偶数排的编织方法…
使用两端无堵头的另外的针，编织14行下针编织后，参照右图扭转180°，移到左棒针上。

• Ⓐ = 扭转180°以后，从★上挑针，用其左侧相邻的针目（花片最后一行的第9针）盖住这一针。这针将作为下一个花片挑针的第1针（仅限右端的花片的情况，将作为下一个花片的起针的第1针）。
• Ⓑ = 起8针，将针插入●处，接着再将针插入休针的○处，挂线，将线拉出，用之后的右棒针的起针的第8针盖住这1针。
• Ⓑ′= 从●上挑针，用之后的右棒针起针的第8针盖住这1针。

编织连接方法

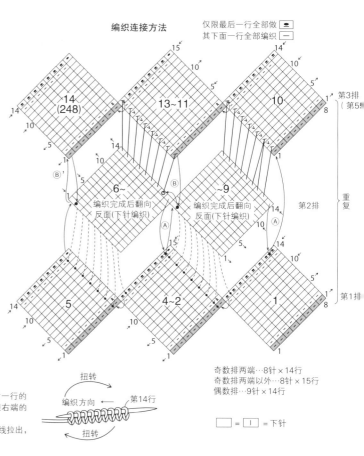

仅限最后一行全部做 $\boxed{\bullet}$
其下面一行全部编织 $\boxed{-}$

扭转
编织方向
第14行
扭转

奇数排两端…8针×14行
奇数排两端以外…8针×15行
偶数排…9针×14行

$\boxed{}$ = $\boxed{|}$ = 下针

格子花片的围脖及手腕暖 →第36页

<u>材料</u>：[Ostergotlands]Karamell黑色、红色、灰色渐变（12）手腕暖35g，围脖50g

<u>工具</u>：2号棒针，3号棒针，6/0号钩针（起针用）

<u>编织密度</u>：1个花片　横2.6cm，纵2.2cm

<u>成品尺寸</u>：手腕暖的手围17cm，长16cm；围脖的颈围45cm，长16cm

<u>编织方法</u>：主体使用2号棒针，之后从编织起点和编织终点编织边缘的时候使用3号棒针。另线锁针起针开始编织，随后编织起伏针，接着编织花片。下一排与前一排的花片编织连接之后，再次编织起伏针，重新变为等针直编的织片。使用同样的方法，参照编织符号图继续编织。接在最后的起伏针之后，接着编织边缘；拆开起针的另线锁针，使用同样的方法编织边缘。

<u>要点笔记</u>：围脖与手腕暖的编织方法几乎完全相同，只是针数、花片数不同，请参照解说文编织。

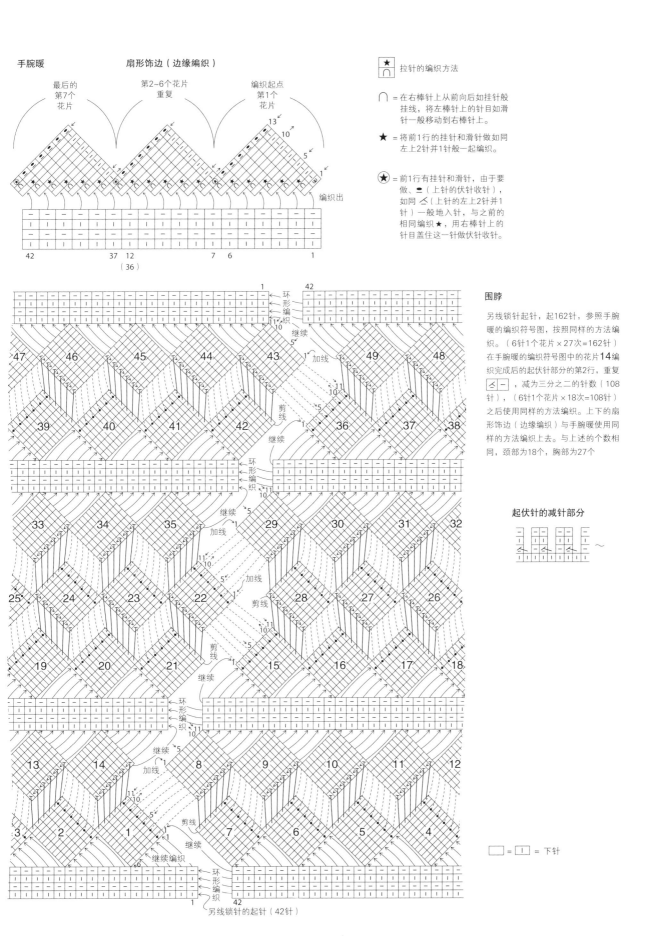

手腕暖　　　扇形饰边（边缘编织）

★ = 拉针的编织方法

∩ = 在右棒针上从前向后如挂针般挂线，将左棒针上的针目如滑针一般移动到右棒针上。

★ = 将前1行的挂针和滑针做如同左上2针并1针一般一起编织。

(★) = 前1行有挂针和滑针，由于要做、●（上针的伏针收针），如同（上针的左上2针并1针）一般地入针，与之前的相同编织★，用右棒针上的针目盖住这一针做伏针收针。

最后的第7个花片
第2~6个花片重复
编织起点第1个花片

编织出

围脖

另线锁针起针，起162针，参照手腕暖的编织符号图，按照同样的方法编织。（6针1个花片×27次=162针）在手腕暖的编织符号图中的花片14编织完成后的起伏针部分的第2行，重复，减为三分之二的针数（108针），（6针1个花片×18次=108针）之后使用同样的方法编织。上下的扇形饰边（边缘编织）与手腕暖使用同样的方法编织上去。与上述的个数相同，颈部为18个，胸部为27个

起伏针的减针部分

□ = ｜ = 下针

尖状突起花片的围脖及手腕暖 →第38页

材料:［Hobbyra Hobbyre］Roving Kiss蓝色、绿色系渐变（40）
围脖75g，手腕暖（60）g
工具：5号棒针
编织密度：围脖：白桦编织　1个花片的对角线长为6.5cm；
手腕暖：白桦编织　1个花片的对角线长为4cm
成品尺寸：围脖的颈围最宽处为53cm，长15cm；手腕暖的
手围最宽处为22cm，长16cm

编织方法：参照编织图，围脖的第1排与第2排使用普通的编织
连接方法，之后第2排与第3排、第4排与第5排等，各自结成
一对后，编织连接在一起。通常情况下，奇数排、偶数排的
编织前进方向相反，由于该作品需要立体地编织连接，每结
成对的2排是同样的编织前进方向。手腕暖也使用同样的方法
编织，但编织起点的一排及编织终点的一排都从四边形花片
开始编织，最后再折回至反面后收尾。

要点笔记：该作品，为了编织连接的位置形成尖状，出现漂
亮的角部，在编织连接的时候，先挑取针目，再将挑取的最
后1针与需要连接的花片做2针并1针，从而编织连接在一起。
另外，作品各自的编织起点，作为从哪边都可以开始编织的
例子，分别设计了从右边开始编织和从左边开始编织两种。
当希望从左侧开始编织围脖时，可参照步骤说明。

围脖

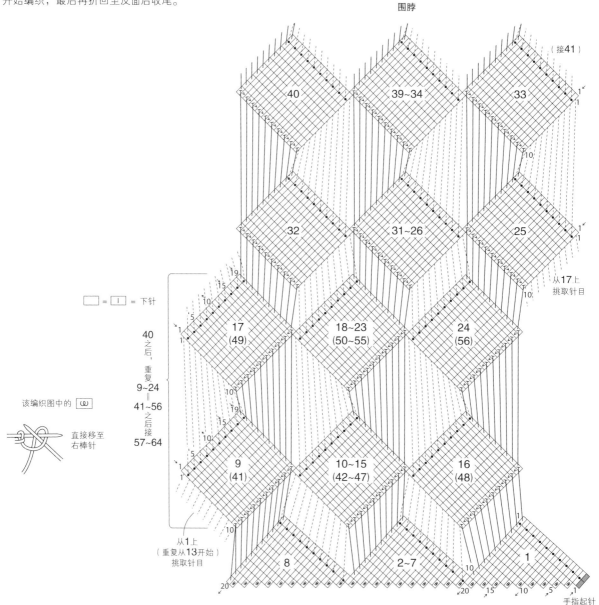

围脖　整体图

基本花片　10针×19行

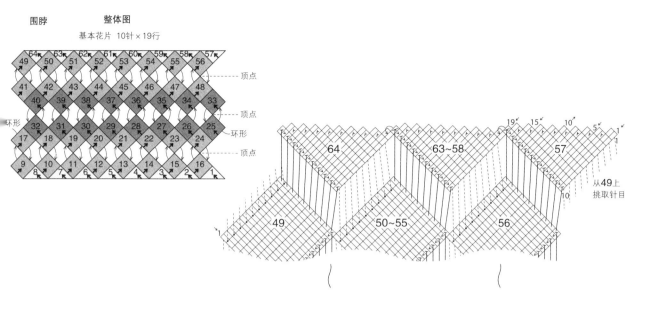

顶点
顶点
环形
顶点

从49上挑取针目

64　63~58　57
49　50~55　56

手腕暖

手腕暖　整体图

（基本花片　6针×11行）

顶点
顶点
顶点
顶点
顶点
环形　环形
顶点

将1~5及66~70折
向内侧后缝合固定

编织起点和编织终点

66　67~69　70
61　62~64　65

与第88页的
围脖的编织前进
方法相同

接11

6　7~9　10
1　2~4　5

胸花2种及项链 →第40页

材料：[手织屋]Moke Wool A各色少量[见配色（色号）表]，完成作品的重量 花朵（大、带叶）15g，花朵（大）13g，花朵（小）10g，向日葵9g；串珠、缎带（宽4mm和7mm）各少量，其他：胸花用别针、结实的线等

工具：2号棒针

成品尺寸：各自的直径 花朵（大、带叶）12cm，花朵（大）10cm，向日葵及花朵（小）8cm

编织方法：参照配色（色号）表确认配色，手指起针开始编织。第1、2排按照通常的方法编织连接，之后第2排与第3排、第4排与第5排等，各自结成一对后，编织连接在一起。通常情况下，奇数排、偶数排的编织前进方向相反，由于该作品需要立体地编织连接，每结成对的2排是同样的编织前进方向。反面的部分，从编织起点的位置挑取针目，参照图示，整理为圆形的织片。编织终点，将结实的线穿入花朵的最后所有的休针中，收紧。在花朵的中心缝上串珠等，令织片平整。向日葵，将胸针的反面部分当作花的中心（正面）使用，从编织起点的位置挑取针目。编织终点，与胸花使用同样的方法收紧，作为反面。缝上叶子、缎带等，制作出自己喜欢的风格。

要点笔记：该作品，为了编织连接的位置形成尖状，出现漂亮的角部，在编织连接的时候，先挑取针目，再将挑取的最后1针与需要连接的花片做2针并1针，从而编织连接在一起。如果不能保持住漂亮的形状，可以在花朵的反面塞点棉花等，想一些小办法。

花朵（大）（小） 整体图

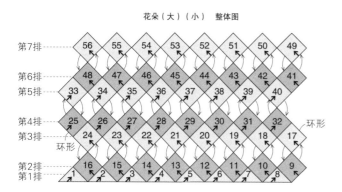

花朵（大）

- 参照花朵（小），从2针起针开始编织，花片1~8各自的起针加至6针，之后按照6针×11行编织连接。

- 从花片41之后到最后（56），编织5针×9行［同花朵（小）］（参见下图）。

- 最后全部休针。

花朵（小）

□ = □ = 下针

配色（色号）表

	第1、3、5、7排	第2、4、6排及反面
大 1	24	10
大 2	23	9
小 1	23	11
小 2	24	7
小 3	26	25
大、带叶（胸花）	23	10
叶子	大×2片=7或8	小×1片=7

组合方法

花朵（大）反面

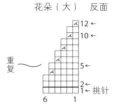

花朵（小）反面

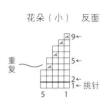

从第1排的编织起点的边上，每个花片各挑取6针（5针），全部共8个花片＝挑48针（40针），参照图示环形编织，收紧最后的8针。（ ）内的数字为（小）。

花朵（大）胸花
叶子（大）

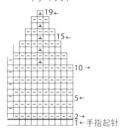

叶子（小）

- 将结实的线穿入花朵的最后所有的休针中，收紧。
- 根据喜好在花朵中心缝上串珠，令织片平整。
- 在胸花的反面匀称地缝上叶子。

·项链参照图示的方法连接，在两端缝上缎带

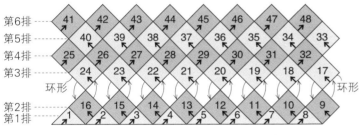

缎带
绿色（粗）
亮茶色（细）

缎带
深紫色（粗）
酒红色（细）

向日葵 整体图

第6排
第5排
第4排
第3排
环形 ... 环形
第2排
第1排

向日葵、中心

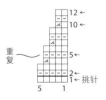

从第1排的编织起点的边上每个花片各挑取5针，全部共8个花片＝挑40针。参照图示环形编织，收紧最后的16针。

- 将结实的线穿入第6排的所有的休针中，收紧。

向日葵［~32为止与花（小）相同］

最后为休针

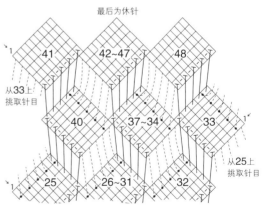

向日葵 配色（色号）表

第1、3、5排	第2、4、6排	花朵的中心
3	4	7

凯尔特花样的围巾 →第43页

→第43页

材料：[芭贝]Soft Douegal浅蓝色混合（5204）230g

工具：7号棒针，麻花针

编织密度：1个花片的织片 横8cm、竖10cm

成品尺寸：最宽处6cm、最窄处13cm，长150cm

编织方法：参照用棒针在棒针上起针的方法（第93页）起针开始编织。分别确认各花片（A~D）的编织图中的编织花样的中心线的位置，以及单个的麻花花样图的中心线的位置，然后进行编织。仅在编织起点编织花片A，之后重复编织花片B、C、D。

要点笔记：麻花花样的交叉及图案的朝向分为两类，在编织连接时要减掉某一侧的边上的1针，花片的上下有时会成为主体本身的边，因此要做起针或是伏针收针，以及每次都要在正面做麻花花样的操作（交叉）等，只是在细节的部分略有不同。只要掌握了将4种花片编织连接的方法，之后就是3种花片的重复了。花片A和D的最后一行的最后的针目，是将棒针插入该针目中，再编织花片B处的起针的第1针，因此这一针会变得松一些。从花片B处开始向花片D做左上2针并1针时（仅在编织起点从花片B处开始向花片A做左上3针并1针），将花片A或花片D的针目编织成扭针的话，针目才不会变松。

凯尔特编织图

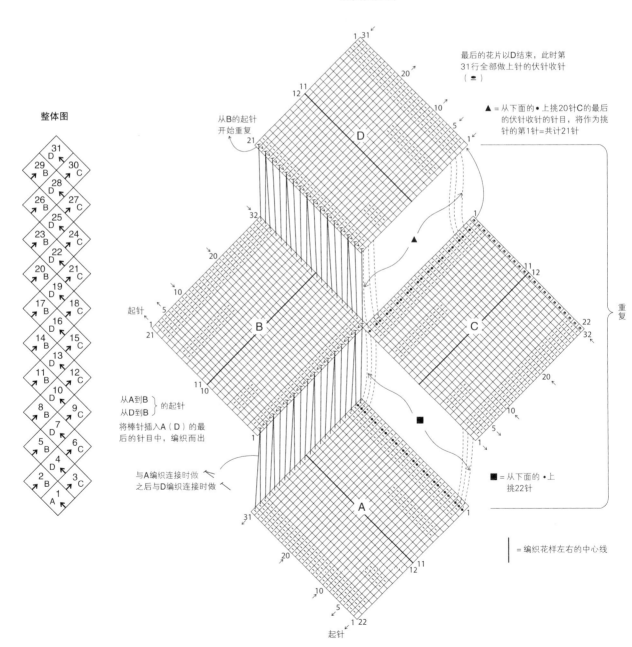

整体图

最后的花片以D结束，此时第31行全部做上针的伏针收针（●）

▲ = 从下面的 ● 上挑20针C的最后的伏针收针的针目，将作为挑针的第1针=共计21针

从B的起针开始重复

起针

从A到B
从D到B ｝的起针
将棒针插入A（D）的最后的针目中，编织而出

与A编织连接时做
之后与D编织连接时做

■ = 从下面的 ● 上挑22针

重复

= 编织花样左右的中心线

凯尔特编织花样

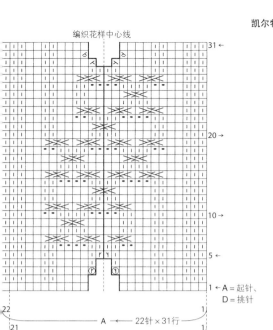

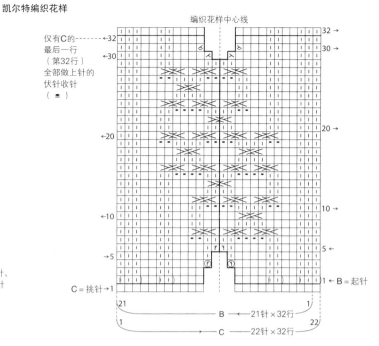

□ = — = 上针

Ｐ = 加针的针目做 Ω 方向的扭针编织

Ｔ = 加针的针目做 Ω 方向的扭针编织

| = 编织花样左右的中心线

⋙ = 左上2针并1针（下面的针目编织上针）

⋙ = 右上2针并1针（下面的针目编织上针）

仅有C的 最后一行（第32行）全部做上针的伏针收针（ ▪ ）

A = 起针、 D = 挑针

A ← 22针×31行

D ← 21针×31行

B = 起针

C = 挑针

B ← 21针×32行

C ← 22针×32行

用棒针在棒针上起针的方法

1

将棒针穿入线环中（第1针）。

2

按照编织下针的方法将线拉出。

3

在扭转右棒针上的针目的同时，移到左棒针上（第2针）。

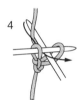

4

挂线后拉出。

5

在扭转右棒针上的针目的同时，移到右棒针上，第3针完成。按照步骤3、4进行起针。

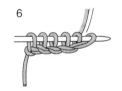

6

将最后一个线圈挂到左棒针上。第1行完成。

树叶花样的围巾及贝雷帽 →第44页

材料：［芭贝］British Eroika米色（143）围巾225g，贝雷帽130g

工具：7号棒针，麻花针，5号棒针（贝雷帽罗纹针部分用）

编织密度：白桦编织　1个花片的对角线长为10.5cm

成品尺寸：围巾宽18cm，长138cm；贝雷帽的直径26cm，帽深20cm（包括罗纹针部分的3cm）

编织方法：围巾，上针编织的一面将作为正面。编织时要注意核对编织图中编织花样中心线是否能与单个的编织花样图的图案中心对齐，并在整体图中确认镶边的行数和编织花样［叶子（大）、叶子（中）、叶子（小）、果实］。贝雷帽也将上针编织的一面作为正面。与围巾相同，编织时要注意核对编织图中编织花样中心线是否能与单个的编织花样图的图案中心对齐，并在整体图中确认镶边的行数和编织花样［叶子（大）、

叶子（中）、果实］。编织起点的5个花片，从前一个花片上挑取针目编织，第5个花片编织完成后，连接成环形继续编织。从编织终点开始编织出罗纹针，从编织起点开始编织出帽顶的小揪揪。

要点笔记：第92页的"凯尔特花样的围巾"的操作（交叉）要在正面进行，因此会错开1行。而该作品中，由于无论从左、右开始编织都是相同的行数，所以有时需要看着反面进行操作。每一个看起来像是树枝的镶边的边上的针目，为了能够让树枝看起来顺畅地连接在一起，要将各自的镶边的边上的针目一针与一针对齐，挑针缝合在一起。编织出树叶花样第7针的位置，容易出现一个较大的洞。就那样保持不动也可以，但如果介意的话，可以从反面穿线将其收紧；注意该线不要影响到正面的效果，最后在反面藏好线头。

围巾

编织连接方法

整体图

花片no.

| 46 … 无 |
| 44 … 小 |
| 42 … 实 |
| 40 … 小 |
| 38 … 小 |
| 36 … 中 |
| 34 … 实 |
| 32 … 小 |
| 30 … 中 |
| 28 … 实 |
| 26 … 小 |
| 24 … 中 |
| 22 … 中 |
| 20 … 小 |
| 18 … 中 |
| 16 … 中 |
| 14 … 大 |
| 12 … 大 |
| 10 … 中 |
| 8 … 大 |
| 6 … 大 |
| 4 … 大 |

大 = 叶子（大）8、6、4 = 镶边的行数
中 = 叶子（中）
小 = 叶子（小）
实 = 果实

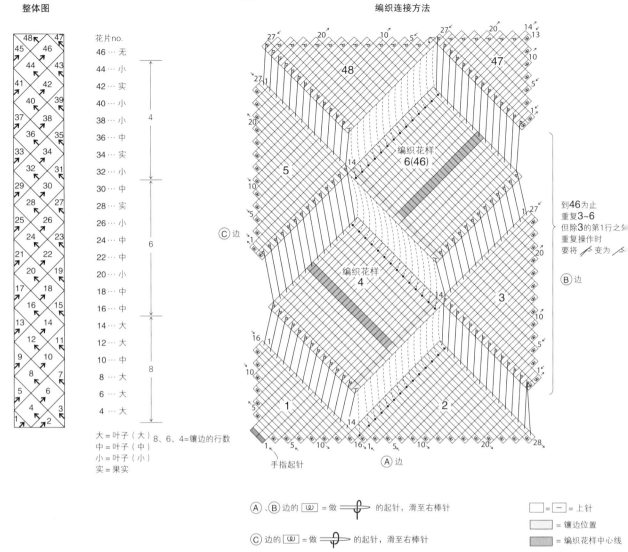

到46为止
重复3~6
但除3的第1行之外
重复操作时
要将 变为

手指起针

Ⓐ、Ⓑ边的 = 做 的起针，滑至右棒针

Ⓒ边的 = 做 的起针，滑至右棒针

= = 上针
= 镶边位置
= 编织花样中心线

叶子（大）

叶子（中）

加粗数字是花片号码
← 是第1针=挑针的
编织前进方向

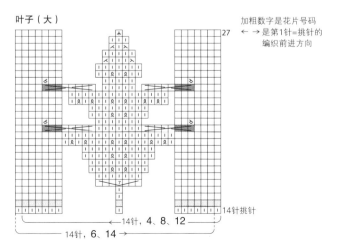

←14针，4、8、12→
←14针，6、14→

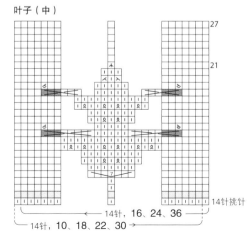

←14针，16、24、36→
←14针，10、18、22、30→

14针挑针

94

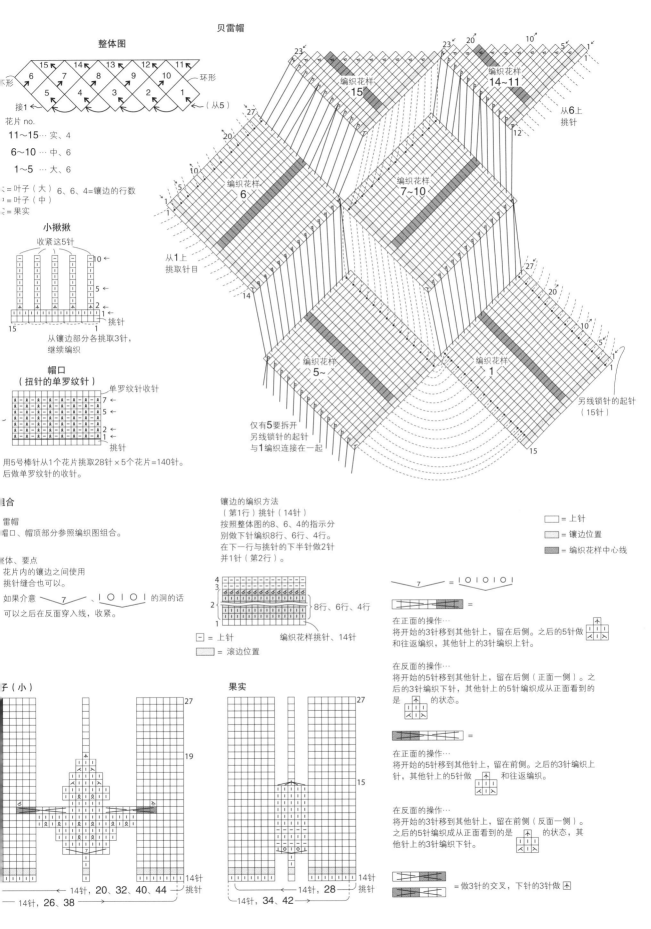

贝雷帽

蘑菇贝雷帽 →第46页

材料：[设得兰岛制费尔岛毛线（2 ply jumper weight中细）]
混合黄绿色（FC12）48g，橙色（FC38）5g，呼和茶色（FC44）
9g，深橙色（122）3g，原白色（202）4g，深红色（9113）
6g，[Appletons] Crewel Wool白色系（988、992）、绿色系
（244、245、256）各色少量

工具：2号棒针、1号棒针（罗纹针部分用）、2/0号钩针

编织密度：白桦编织 1个花片的对角线长为5.3cm

成品尺寸：直径28cm，帽深23cm（包括罗纹针部分2cm）

编织方法：参照图示，第1排编织11个三角形花片，连接成环形，接着编织第2排。蘑菇的配色花样采用纵向渡线的方法（多色菱形图案的编织方法）编织，混合黄绿色的底色线采用横向渡线的方法（费尔岛编织的方法）编织，在编织配色花样的同时将花片编织连接在一起。编织至第3排的花片33后，参照帽顶的编织图，从休针及行上挑取针目，调整好针数，根据指示换线，编织上针的同时，随着锯齿花样进行减针。从编织起点处挑取针目，使用1号棒针编织罗纹针，折叠成双层后缝合固定。在帽顶，使用钩针制作立体的小蘑菇，缝合固定。参照图示，在每个蘑菇上做刺绣。

要点笔记：该作品中，在编织连接时，先挑取全部针目，再将最后1针与需要连接的花片重新编织2针并1针连接在一起。蘑菇上的刺绣，在白桦编织部分编织完成后即开始刺绣也可以。树叶贝雷帽是从帽顶开始编织，而蘑菇贝雷帽则是从帽口开始编织的。

整体图

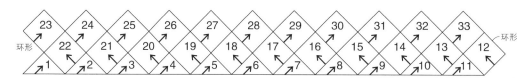

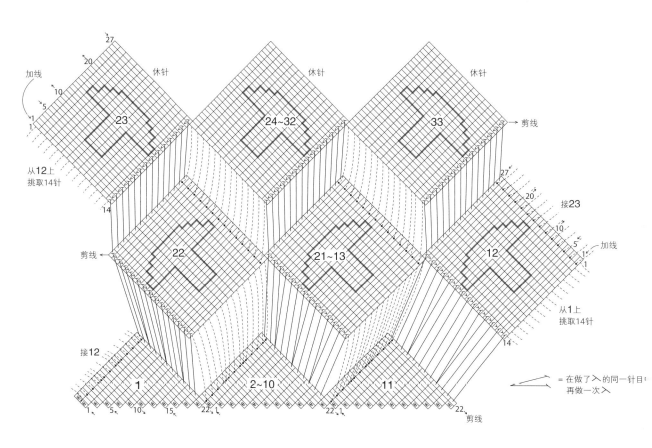

配色图案

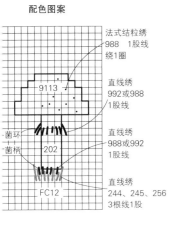

法式结粒绣
988 1股线
绕1圈

9113

直线绣
992或988
1股线

菌环
菌柄
202

直线绣
988或992
1股线

直线绣
244、245、256
3根线1股

FC12

□ = ㅣ = 下针

ㄖ、ㅇ = 扭针目与针目之间的渡线
分别编织下针、上针

ㅇ = ㅇ

ㅇ = ㅇ

ㅇ = 向哪边扭都可以

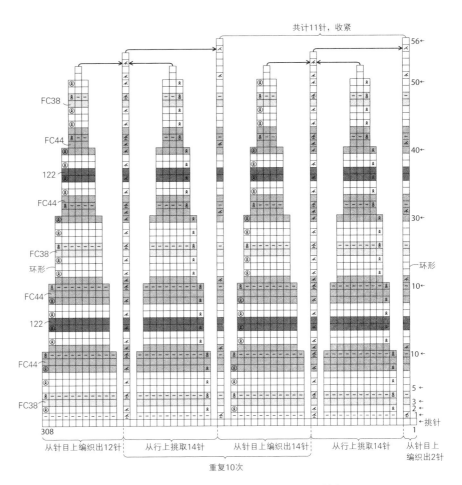

共计11针，收紧

FC38
FC44
122
FC44
FC38
环形
FC44
122
FC44
FC38

56
50
40
30
环形
10
10
5
3
2
1
挑针

308

| 从针目上编织出12针 | 从行上挑取14针 | 从针目上编织出14针 | 从行上挑取14针 | 从针目上编织出2针 |

重复10次

从任意花片的尖角休针上编织出2针，随后在行一侧的1针内侧挑取14针，接着从休针一侧编织出14针。14针×2次（从行上及从针目上）=28针×11个花片=308针。

帽顶的立体小蘑菇
（2/0号钩针）

菌盖

×6次

留出较长的线后剪断，将线穿入第7行的短针中，收紧

202

9113

帽口…
使用1号棒针从花片5~11上用FC12的线挑取138针（从2个花片上约挑出25针），第1行是上针，第2行开始编织单罗纹针，共织20行，将最后一行的针目缝合在罗纹针挑针的反面。

行数	针数	色号
7	6（-6）	202
6	12（-6）	
5	18（-6）	
4	24（+6）	9113
3	18（+6）	
2	12（+6）	
1	6	

菌柄

颜色 = 202

X0 5
X0 4
X0 3
X0 2
X0 1

制作环形，钩织5针短针，无须加、减针钩织5行

× = 短针

ㅂ = 短针加1针

∧ = 短针减1针

• = 引拔针

ㄷ = 短针的反拉针

∧ᵗ = 短针的反拉针的2针并1针

收尾

使用收紧菌盖的线在正面和反面（菌褶）的若干位置缝合固定。
将菌柄缝合固定在菌褶的中心。

帽顶的小蘑菇　法式结粒绣
988 1股线 绕2圈

在帽顶部分的菌柄的底部，使用244、245、256号绣线
缝出类似于草的样子，使其立住

基本技巧
棒针编织

✦ 起针

[手指起针]

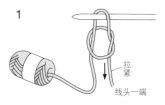

1 用手指起第1针，移到针上，拉线。

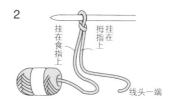

2 第1针完成。

3 按照箭头的方向入针，将挂上的线拉出。

4 拇指暂且放开线，按照箭头的方向重新插入，将针目拉紧。

5 注意不要拉得过紧
第2针完成。

6 完成。翻转织片，换为左手拿，编织第2行。

[另线锁针的起针]

1 使用与编织线粗细相近的棉线，钩织锁针。

2 松松地钩出比所需针数多2~3针的针目。

3 使用编织线，将棒针插入编织起点一侧的锁针的里山中。

4 挑取所需数量的针目。

5 翻转织片，编织第1行下针。

6 第1行的编织终点。

[用棒针在棒针上起针]

第83页"七宝连接围巾"、第86页"扭转花片的围巾"的起针（箭头为最终的编织方向）

← （使用下针）

1 将右棒针插入第1针中，挂线，拉出。

2 挂到左棒针上。

3 将右棒针插入第1针与第2针之间，挂线，拉出，挂到左棒针上。

4 重复以上步骤，最后将第7针移到右棒针上，将线穿到第6针与第7针之间。

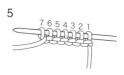

5 将第7针移回左棒针。从正面看到的起针。

→ （使用上针）

1 将右棒针像编织上针一样插入第1针中。

2 将线拉出。

3 挂到左棒针上。

4 将右棒针从后侧插入第1针与第2针之间。

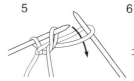

5 挂线，拉出，挂到左棒针上。

6 从正面看到的起针。

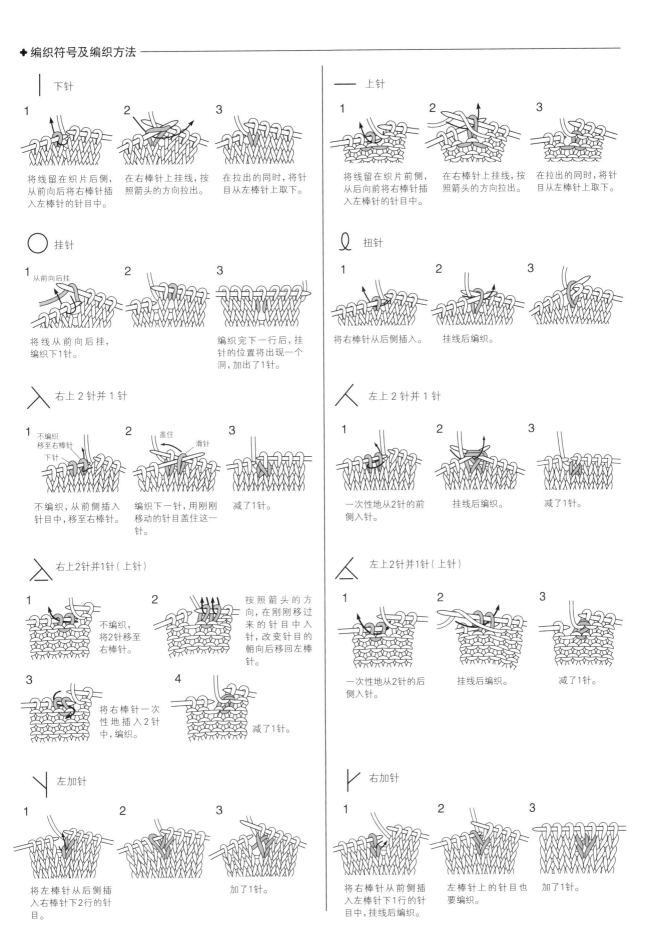

| 下针 |
| 上针 |

1 将线留在织片后侧，从前向后将右棒针插入左棒针的针目中。
2 在右棒针上挂线，按照箭头的方向拉出。
3 在拉出的同时，将针目从左棒针上取下。

1 将线留在织片前侧，从后向前将右棒针插入左棒针的针目中。
2 在右棒针上挂线，按照箭头的方向拉出。
3 在拉出的同时，将针目从右棒针上取下。

挂针

1 从前向后挂 将线从前向后挂，编织下1针。
3 编织完下一行后，挂针的位置将出现一个洞，加出了1针。

扭针

1 将右棒针从后侧插入。
2 挂线后编织。

右上 2 针并 1 针

1 不编织 移至右棒针 下针 不编织，从前侧插入针目中，移至右棒针。
2 盖住 滑针 编织下一针，用刚刚移动的针目盖住这一针。
3 减了1针。

左上 2 针并 1 针

1 一次性地从2针的前侧入针。
2 挂线后编织。
3 减了1针。

右上2针并1针（上针）

1 不编织，将2针移至右棒针。
2 按照箭头的方向，在刚刚移过来的针目中入针，改变针目的朝向后移回左棒针。
3 将右棒针一次性地插入2针中，编织。
4 减了1针。

左上2针并1针（上针）

1 一次性地从2针的后侧入针。
2 挂线后编织。
3 减了1针。

左加针

1 将左棒针从后侧插入右棒针下2行的针目。
3 加了1针。

右加针

1 将右棒针从前侧插入左棒针下1行的针目中，挂线后编织。
2 左棒针上的针目也要编织。
3 加了1针。

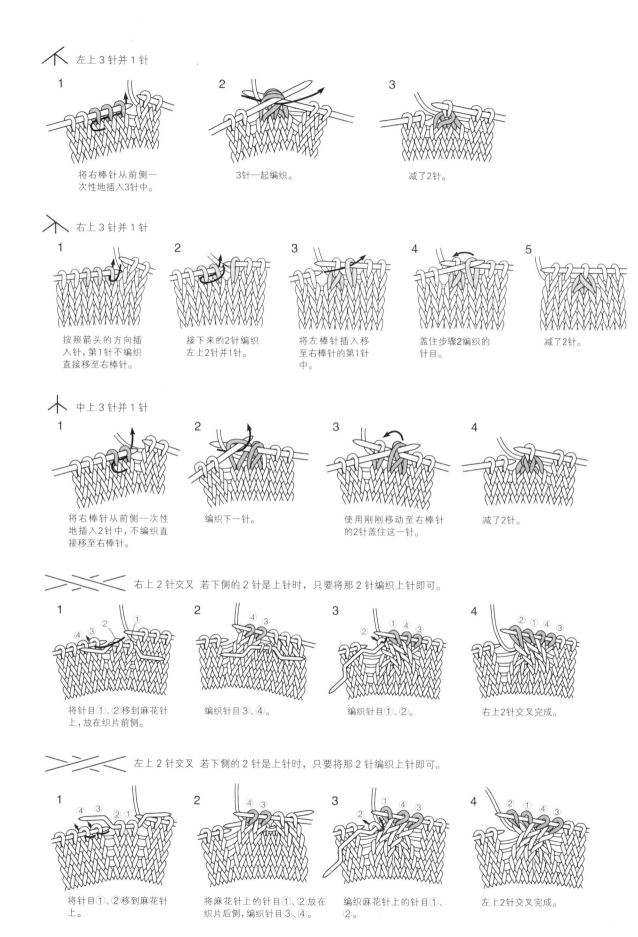

左上 3 针并 1 针

1　将右棒针从前侧一次性地插入3针中。

2　3针一起编织。

3　减了2针。

右上 3 针并 1 针

1　按照箭头的方向插入针，第1针不编织直接移至右棒针。

2　接下来的2针编织左上2针并1针。

3　将左棒针插入移至右棒针的第1针中。

4　盖住步骤2编织的针目。

5　减了2针。

中上 3 针并 1 针

1　将右棒针从前侧一次性地插入2针中，不编织直接移至右棒针。

2　编织下一针。

3　使用刚刚移动至右棒针的2针盖住这一针。

4　减了2针。

右上 2 针交叉　若下侧的 2 针是上针时，只要将那 2 针编织上针即可。

1　将针目①、②移到麻花针上，放在织片前侧。

2　编织针目③、④。

3　编织针目①、②。

4　右上2针交叉完成。

左上 2 针交叉　若下侧的 2 针是上针时，只要将那 2 针编织上针即可。

1　将针目①、②移到麻花针上。

2　将麻花针上的针目①、②放在织片后侧，编织针目③、④。

3　编织麻花针上的针目①、②。

4　左上2针交叉完成。

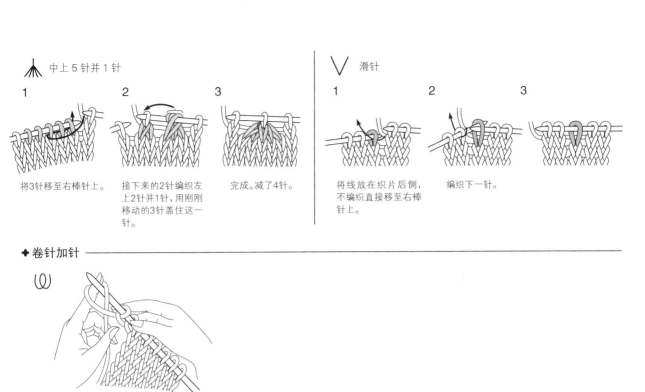

中上 5 针并 1 针

1	2	3
将3针移至右棒针上。	接下来的2针编织左上2针并1针,用刚刚移动的3针盖住这一针。	完成。减了4针。

滑针

1	2	3
将线放在织片后侧,不编织直接移至右棒针上。	编织下一针。	

✦ 卷针加针

✦ 扭针加针

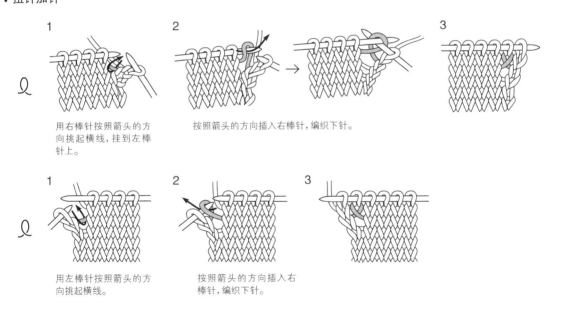

1	2	3
用右棒针按照箭头的方向挑起横线,挂到左棒针上。	按照箭头的方向插入右棒针,编织下针。	

1	2	3
用左棒针按照箭头的方向挑起横线。	按照箭头的方向插入右棒针,编织下针。	

✦ 收针方法

[伏针收针(下针)]

[伏针收针(上针)]

1	2	3
边上的2针编织下针,用第1针盖住第2针。	编织下针,盖住,重复以上步骤。	最后1针,通过引拔将线收紧。

1	2	3
边上的2针编织上针,用第1针盖住第2针。	编织上针,盖住,重复以上步骤。	最后1针,通过引拔将线收紧。

钩针编织

◆ 编织符号及编织方法

○ 锁针

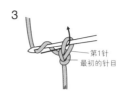
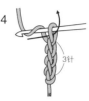

2 拉线头，将针目收紧，按照箭头的方向挂线。

4 钩织指定数量的针目作为起针。最初的针目除了使用的是粗线或特别的情况以外不计算在针数中。

✕ 短针…立织 1 针锁针后开始钩织。立织的 1 针不计算在针数中。

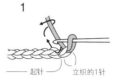

● 引拔针

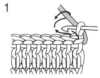

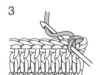
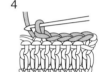

1 将线放在织片后侧，将钩针插入编织终点的针目中。

2 在针上挂线，一次性地引拔。

⋎ 短针加 1 针

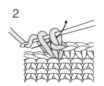
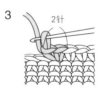
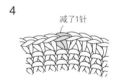

1 在加针位置的同一针目中将线拉出。

2 钩织短针。

3 在前1行的1针上钩织出了2针的样子。

4 减了1针

⋏ 短针减 1 针

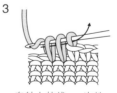

1 从第1针中将线拉出，从接下来的1针中也将线拉出。

3 在针上挂线，一次性地引拔。

4 这叫作短针的2针并1针，算作1针。

⋎ 短针的反拉针

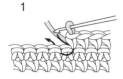

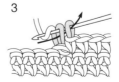
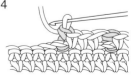

1 按照箭头的方向插入钩针，挑取前一行的柱子。

2 在针上挂线，按照箭头的方向从织片的反面拉出。

3 将线拉出得略长一些，按照短针的方法钩织。

4 前一行锁针的上侧朝向了正面。

BASKET AMI

© TOSHIYUKI SHIMADA 2015

Originally published in Japan in 2015 by EDUCATIONAL FOUDATION BUNKA GAKUEN BUNKA PUBLISHING BUREAU

Chinese（Simplified Character only）translation rights arranged with BUNKA PUBLISHING BUREAU through TOHAN CORPORATION, TOKYO.

版权所有，翻印必究

备案号：豫著许可备字-2016-A-0371

图书在版编目（CIP）数据

岛田俊之的白桦编织 / (日) 岛田俊之著；冯莹译. —郑州：河南科学技术出版社，2017.8（2021.10 重印）

ISBN 978-7-5349-8752-6

Ⅰ．①岛… Ⅱ．①岛… ②冯… Ⅲ．①手工编织-图集 Ⅳ．①TS935.5-64

中国版本图书馆CIP数据核字(2017)第094322号

岛田俊之

大阪音乐大学研究生院毕业。被派至巴黎国立音乐学院公费研修。获得英国皇家音乐学院（伦敦）ARCM等各类结业证书。其后还曾在维也纳学习音乐，多次在比赛中获奖，并参加过许多音乐会的演出。

从学生时代开始，就喜欢手工艺和编织，在欧洲期间，以编织为中心专门学习了纺织专业，加入了著名设计师的研究会，并任助理。曾接受过欧洲各地的编织者关于传统技法的辅导。

现在，在出书、教学、出演电视、接受海外的设计委托、翻译图书等多个领域都十分活跃。

在以费尔岛编织、设得兰群岛蕾丝为主的传统编织的基础上，加入了自由的设计风格的作品，很受欢迎，其细腻的配色及手法备受好评。

著作有《爱上编织》《北欧的编织小物》《编织协奏曲》（以上为日本宝库社出版），《手编袜子》《反面也很美的手编围巾》《手编手套》《设得兰岛蕾丝》（以上为日本文化出版局出版）。

图书设计/若山嘉代子　佐藤尚美
摄影/马场若菜　安田如水
装帧/白男川清美
造型师/广濑瑠美
模特/甲田益也子
绘图/鹿之屋工作室　文化光影
制作协助/大坪昌美　高野昌子
校对/向井雅子
编辑/志村八重子　大泽洋子
日语版发行者/大沼淳

出版发行　河南科学技术出版社
　　　　　地址：郑州市郑东新区祥盛街27号　　邮编：450016
　　　　　电话：（0371）65737028　　65788613
　　　　　网址：www.hnstp.cn
策划编辑：刘　欣
责任编辑：刘　欣
责任校对：王晓红
封面设计：张　伟
责任印制：张艳芳
印　　刷：郑州新海岸电脑彩色制印有限公司
经　　销：全国新华书店
幅面尺寸：190 mm×260 mm　　印张：6.5　　字数：100千字
版　　次：2017年8月第1版　　2021年10月第3次印刷
定　　价：46.00元

如发现印、装质量问题，影响阅读，请与出版社联系并调换。